KB237637

유기견 이뽕실은
어떻게
모범 강아지가
되었나요?

유기견 이봉실은
어떻게 모범 강아지가 되었나요?

이수진 지음

한국경제신문

로디에게

게으르고 또 게으른 견주를 위하여

'너는 왜 이 책을 썼느냐?'

나는 다시 한번 생각해보았다.

밤새 생각만 했다.

그래서 얻은 결론은?

'과거에 대한 죄책감 + 오늘은 더 나아지겠다는 마음 + 하지만 게으름은 아름답다 = 사랑하는 강아지를 키우지만 게으른 나, 그런 나조차 훌륭한 견주가 될 수 있다!'

그래, 바로 이거야.

어려서부터 우리 집에 개가 있었지만 나는 개 기르는 법을 몰랐다. 알려고 하지도 않았다.

우리 집 개는 지랄견이라고 친구들과 시시닥거리곤 했다.

나의 첫 강아지 로디는, 그래서 엄청 힘들었을 것이다.

나는 그를 잘 몰랐다.

15년이라는 그의 짧은 생이 끝나고….

그가 더는 내 층계 오르는 소리에 흥분하지 않고, 펄쩍펄쩍 뛰며 달려나오지 않고, 왜 너만 먹느냐 나도 좀 줘라 내 팔을 벅벅 긁지 않게 되고서야, 더는 그가 졸린 눈 껌벅여가며 나의 새벽을 시켜주지 않게 되고서야 나는 그를 조금 알게 됐다. 심한 죄책감을 느끼며 눈물, 콧물을 쏟았다.

다시는 개를 기르지 않겠다고 다짐했다.

나는 그럴 자격이 없는 사람이라고.

하지만 새벽마다 잠들지 못하고 로디와 닮은 개를 찾아 인터넷을 헤매는 나를 말릴 수도 없었다. 날이 갈수록 로디 닮은 개를 찾아내긴커녕, 부채감만 심해졌다. 이 세상에는 불쌍한 개가 너무 많았다. 어느 날 버려져 먹을 것도 잘 곳도 없어진 개들을 볼 때마다 나는 로디를 생각했다. 다시 과거로 돌아간다면 더 괜찮은 주인이 되어주고 싶었다. 이 죄책감을 씻을 기회가 오길 바랐다.

동시에 내가 유기견이라면 하는 생각도 해보았다.

아마 나는 무조건 빌고 또 빌었을 것이다. "제발 나를 꺼내주세요. 나는 죽고 싶지 않아요!" 나를 때리지 않고, 밥만 제때 먹여 준다면 나는 누구라도 당장 따라나설 것이다. 살아 있고 싶다고, 그냥 내보내만 달라고 눈을 마주치고 또 마주치려고 필사적으로 노력했을 것이다.

복실이를 데려오기로 했을 때 나는 굳게 맹세했다.

로디를 잘 몰라서, 개를 잘 몰라서 했던 실수를 다시는 하지 않겠다고. 그래서 열심히 읽고, 보고, 생각했다.

'개'에 관한 것이라면 모든 것을 찾아내 읽었다. 생물학적인 면부터 습성, 정신적인 면, 어떻게 소통할 수 있는지, 무엇을 먹여야 하는지 등 전문가들의 이론서에서부터 개인들의 경험담, 심지어는 고릿적 전설들까지 골고루 읽어보았다. 그러면서 또 한 번 깊이 탄식하고 후회했다.

나의 로디는 지랄견이 아니었다.

그를 알기 위해 내가 아주 약간의 관심만 기울였더라도, 그는 훨씬 더 행복한 인생을 살았을 것이다. 말썽을 피워 혼나지 않았을 것이다.

나는 죄책감을 덜고 싶었다.

뽕실이에게는 조금 더 나은 주인이 되고 싶었고, 그가 행복한 삶을 살기를 바랐다.

그래서 훈련을 시키기로 했다. 인간과 함께 살아가려면 꼭 필요한 기본적인 규칙들이 그에게도 편안한 것들이 될 수 있도록.

내가 그동안 공부한 많은 자료를 모두 종합해보았다. 그리고 나의 상황에 맞춰 매우 간략한데다가 간소하기까지 한 **최소소 훈련법**을 만들었다.

나는 게으르다. 엄청, 무척, 대단히.

날마다 일을 마치고 집에 오면 소파와 혼연일체를 이루는 아부지형 게으름뱅이다. 그러나 나의 열망은 이보다 훨씬 더 컸다. 첫째, 뽕실이를 수퍼 울트라 캡숑 짱으로 잘 키워보고 싶다는 것. 둘째, 그러나 저얼대! 게으른 삶을 포기하고 싶지 않다는 것.

그리고 훈련에 성공했다.

뽕실이를 데리고 나가면 어딜 가나 이런 얘길 들었다.

"어쩌면 개가 이리도 순한 것입니까? 이렇게 손이 갈 필요 없는 개는 처음 봅니다. 얘는 원래 이렇게 말 잘 듣고 착한 개입니까?"

그다음에는 이런 말을 듣는다.

"사실 저희 집에 있는 개는 이러이러합니다. 이러이러한 우리 강아지를 볼 때마다 저의 목청이 높아지는 것이 아니겠습니까?

이나 사랑하고 있다는 사실입니다.”

그런 고민을 듣고만 있을 수는 없어서 “저기…” 하고 입을 떼
고는 “뽕실이를 훈련시킨 대로 이렇게 저렇게 하면 되지 않을까
요?”라고 대답해주는 일이 많아졌다.

그러다 보니 날 붙들고 ‘개에 관한 모든 것’을 알고자 하는 사
람이 계속해서 늘어갔다. 사돈의 팔촌까지, 자기만 아는 누군가
에게 전화번호를 알려줘도 되겠냐고 묻는 사람이 끝도 없었다.
그 와중에 신상을 탈탈 털려 선도 볼 뻔했다.

심지어 이젠 개 사료까지도 결정해달라고 했다. 마침내, 장바
구니에 담은 간식 리스트에서 주문할 만한 것들만 알려달라는 얘
길 들었을 때 나는 속으로 외쳤다.

“이것들 보씨욧!!”

개를 키우는 데는 손이 많이 갈 것이고, 무조건 부지런을 떨어
야 한다고 생각하는 사람들에게 그러지 않아도 된다는 이야기를
해야겠다고 마음먹었다. 적절하게 훈련만 시킨다면 말이다. 게
다가 그 훈련이라는 것도 복잡하거나 어렵지도 않다.

바쁘다. 온통 바쁜 사람들뿐이다. 날마다 밖에서 힘들게 땀 흘
리는 우리가 왜 집에서까지 부지런을 떨어야 하나. 제2차 세계대

전 당시 영국의 총리였던 윈스턴 처칠은 포탄이 터지는 와중에도 낮잠을 포기하지 않았다. 그 덕(?)에 위인의 반열에 오른 그는 이런 말을 남겼다.

"에너지를 아끼세요. 앉을 수 있을 때 서 있지 말고, 누울 수 있을 때 앉지 마세요."

이 책에서 소개하는 훈련의 핵심은 사소한 눈빛이나 소소한 행동을 반복하고 기다리는 것이다. 그게 전부다. 주인이 여유가 팡팡 터지는 눈빛으로 행동하면, 개들의 마음에는 평화와 안도감이 찾아온다. '저 느려터진 인간이 나한테 무슨 짓을 하겠어?' 개는 인간의 '정적인 행동'을 지켜보면서 스스로 생각할 시간을 가진다.

미리 말하지만, 혹여 당신이 매우 부지런하고 똑 부러지고 생각한 바는 그 즉시 행동에 옮겨야 직성이 풀리는 빠릿빠릿한 사람이라면 이 책에서 얻을 게 거의 없을 것이다. 이 간단한 훈련법은 매우 게으르고 또 게으른 사람, 그러니까 딱 나 같은 사람들의 맞춤 훈련법이기 때문이다.

자, 이제 다들 물러가고 게으름의 달인들만 남은 건가? 그러면 지금부터 '게을러터진 S양, 똥강아지를 어떻게 명견 만들었나'를 탐구해보자.

—
차
례
—

1장

유기견 이뽕실과의 만남

꼭 다시 만나자, 로디멜　　　　　　　　020

365일 육식주의자에서 졸지에 채식주의자로 개종당한 이야기 | 로디멜은 누구인가 | 로디, 너는 내 모든 여름이었어

나이스 투 밋쵸, 뽕실!　　　　　　　　037

배신자는 이 안에 있다 | 미스터리 동물병원에 오신 것을 환영합니다 | 복실이의 뿌리, 그리고 나의 책임

이 중 자신에게 해당한다고 생각되는 곳에 표시해보세요!

- ☐ 난 '하면 된다' 고 생각한다. 안 해서 그렇지.

- ☐ "2시에 만나자" 보다는 "2시쯤 만나자" 라고 말해주는 사람에게 영혼에서 우러나오는 호감이 터진다.

- ☐ 약속시간에 맞춰 속으로 정해둔 준비시간이 다가오는 것을 초 단위로 카운트다운 한다.

- ☐ 난 절대 누굴 깨워본 적이 없다.

- ☐ 나는 그냥 누워 있는 게 아니라 곰곰이 생각하느라 이 자세를 하는 거다.

- ☐ 일단 집에 들어오면, 다시 밖으로 나가는 일은 상상하고 싶지도 않다.

- ☐ 내가 부지런할 때는 또 이렇게 부지런한 사람이 없다.

- ☐ 일단 귀가 후 씻은 것이 다음 외출 때까지의 유일한 씻음이다.

- ☐ 생각보다 돈을 쓸 일이 별로 없다. 주말에 집에서 뒹굴다 보니 지출이 0이다.

- ☐ 구설에 휘말릴 일이 없다. 나를 본 사람들이 드물다.

- ☐ 남에게 너그럽다. 남들도 나처럼 다 사정이 있을 것이라고 생각한다.

☐ 인내심이 엄청 강하다.

☐ 더위나 추위 등을 충분히 피할 수 있었음에도 귀찮아서 그냥 참은 적이 있다.

☐ 나의 귀찮음을 이기는 것은 오직 '사랑' 뿐이다.

☐ 자기와의 싸움에서 꼭 이겨야만 하는 것은 아니다.

☐ 일단은 쌓아놓고 본다.

☐ 어릴 적부터 내 행동거지를 두고 '소' 와 관련된 표현을 많이 들었다.

☐ 나는 게으른 와중에도 이 게늘러터졌음이 고기의 민족, 사히에 해를 끼치지 않도록 종종 게으름을 뛰어넘는 한계에 도전하는 것을 금지로 삼는다.

☐ 생각을 해놓고도 그대로 실천하는 데 시간이 걸린다.

☐ 일상의 불편을 줄여주는 발명품이나 남들은 잘 모르는 신제품을 많이 알고 있다.

| 결과 |

- **5개 이상: 아직 정체성이 완성되지 않은 초보 귀차니스트**
  신뢰할 수 없는 게으름을 가지고 있는 사람. '보통' 의 중립국이나 '부지런' 적국으로 언제든 전향할 수 있는 자.

- **10개 이상: 나무늘보가 꿈인 파워 귀차니스트**
  신실한 게으름을 가지고 있는 사람. 어디 가서 게으름 좀 피워봤다고 고개 빳빳하게 드는 것조차 귀찮아 숙인 나머지 겸손하다는 평가를 상시 들을 수 있는 자. 게으른 주인이 될 자격이 어느 정도 충족되는 사람.

- **15개 이상: 나태지옥에서도 나태할 수 있는 프로 귀차니스트**
  자신의 게으름에 자부심을 느끼는 사람. 어떠한 회유나 강압에도 변절하지 않는 신실함을 간직한 게으름의 수호자, 게으름의 빛. 이 정도면 게으른 주인이 될 자격이 차고 넘친다.

유기견
이뽕실과의
만남

1장

꼭 다시 만나자,
로디멜

 **365일 육식주의자에서 졸지에 채식주의자로 개종당한 이야기**

"네에!? 어쩌다가?"

눈을 동그랗게 뜬 얼굴이 깜짝 놀라 되묻는다.

'고기를 못 먹는 사람, 그럼 너는 채식주의자!' 라는 거다.

"채소만 먹는다고요? 그런데 왜…?"

그런데도 왜! 너는 마르지 않았느냐는 얘기다. 차마 그 문장을 마무리하진 않고 또 의문사를 남발한다.

"왜? 왜 못 먹는 건데?"

아주 딱딱하고 차가웠기 때문이다.

분명 살아 있던 따뜻한 것이 점점 식어가면서 나무토막처럼 아주 영영 굳어버렸기 때문이다. 지난 15년간 잠들 때마다 들리던 쌕쌕 하는 숨소리가, 그리고 포동포동하던 뱃살, 씰룩쌜룩 엉덩이, 촉촉하던 까만 코, 휘날리던 귀때기 두 개가 어느 날 갑자기 나무로 만든 인형처럼 차갑게 굳어버렸다. 너무나 비현실적이었다.

로디는 새벽에 죽은 모양이었다.

아침에 일어나 로디 집을 들여다보니 옆으로 발을 쭉 펴고 누워 자고 있었다. 자는 것처럼 보였지만, 다시는 너와 나의 삶으로 돌아올 수 없는 먼 길을 가버린 것이다.

그날은 집안사람들 누구보다 먼저 일어나 '설레발'을 치던 그가 먼저 일어나지 않은 유일한 날이었다. 거실 한복판에 누워 있는 그의 배에 손을 올려보았다. 남아 있던 온기는 차갑고 시린 것으로, 말랑말랑하던 살은 딱딱한 통나무와 다를 것 없는 것으로 변해갔다. 그가 동생 품에 안겨 영영 집을 떠날 때는 얼마 전 내가 정육점에서 사 들고 온 소고기 덩어리의 감촉과 다르지 않았다.

그날 아침부터 시작됐을 것이다.

오매불망 정든 것들로부터 뜻밖의 이별을 하게 된 것은.

얼마 후에 장을 보러 간 대형마트에서, 거꾸로 매달린 도축된

돼지 한 마리가 갑자기 말끔한 분홍색의 살아 있는 꿀꿀이가 되어 내게 되지도 않는 윙크를 했다. 두 눈을 꼭 감고서.

소불고기 재워놓은 팩을 들고 나는 그 빛깔이 소의 순한 눈망울 색과 닮지 않았느냐고 중얼거리고 있었다. 망연히 바라보던 동생은 슬금슬금 뒷걸음질을 쳤다.

누구도 원치 않은 전향이었다.

나는 아침나절부터 삼겹살을 구워 먹던 가족과의 오랜 유대를 잃어버렸으며, 파닭이 내게 주던 마음의 평화는 그저 지난날의 소중한 추억으로만 간직해야 했다. 육식을 사랑하지만 그를 예전처럼 안아줄 수가 없었다. 사랑하는 마음은 그대로인데, 도저히 손을 내밀지 못하고 눈물 흩날리며 뒤돌아 뛰어갈 수밖에 없었다.

엄마만이 그 이름을 알고 있는 베란다의 이름 모를 식물이 로디를 따라 죽지 않은 것이 천만다행이었다. 상추 위에 올린 회 한 점을 바라보며 나는 엄숙하게 다짐했다. 당분간 길가에 듬성듬성 피어난 쑥과는 눈도 마주치지 않을 것이며, 절대 어류는 키우지 않을 것이고, 수족관에도 절대 가지 않을 거라고. 물고기와 식물에게는 미안하지만 어쩌겠냐고, 나도 생선과 채소는 먹고 살아야 할 것 아니냐고.

개다.

우리 집 개.

　동생이 여자 친구에게 환심을 사보겠다고 엄마 돈으로 분양을 받아서 해롱해롱 그녀에게 안겨줬으나, 그 집 터줏대감 미니핀이 단식투쟁에 밀려 만 하루 만에 우리 집으로 쫓겨 왔다. 그리고 15년을 살다가 죽었다. 2015년 3월의 일이다(미니핀도 2013년에 먼 길을 떠났다).

　동생의 여친이 지어준 이름은 멜로디, 성은 멜이요 이름은 로디다. 병원 선생님의 차트에는 로디 멜이라고 쓰여 있었다. 귀염성 끝내주던 강아지가 지랄견으로 평생을 살았다. 죽기 1년 전에는 귀가 먹먹한 할배견이 되어 마지막 일주일을 비틀거리며 버텼으나 결국 노환으로 세상과 작별했다.

　마지막 새벽이 다가오기 전 한밤중에 그는 비틀거리는 걸음으로 배변 패드로 걸어가 쉬를 하고 응가를 했다. 그리고 꿋꿋이 한참을 걸어 제집으로 돌아갔다. 우리는 감히 도와줄 수 없었다. 다만 어쩌면 이것이 그의 마지막 행진이 될지도 모른다는 생각을 했다. 그래도 나는 이것이 아직 남아 있는 수많은 행진 중의 하나

이기를 바랐다. 개로서의 긍지와 한때는 튕겨 나갈 듯 탱탱했던 그의 근육들과 생명력, 이 모든 것이 최후일지도 모르는 그 순간에 화려하게 터져 나오고 있었다.

팡! 팡!

나는 그의 행진 동안 수십 개의 오색빛깔 축포가 터지는 것을 보았다. 그는 있는 힘껏 제 할 일을 끝내는 자신에게 긍지를 느끼고 있었다. 그는 슬프다는 단어를 몰랐다. 그저 아쉽고 아쉬웠다. 다시는 엄마 얼굴을 못 보게 될지도 모른다는 생각에 정신이 없고, 힘이 빠지는 상황에도 '어쩌지?' 하는 생각만 계속했다. 로디는 집 앞에 누워 힘겹게 고개를 들어 올려 엄마를 응시하려고 애를 썼다. 아무리 애를 써도 자꾸 고개가 바닥으로 주저앉았다. 1년 전부터 아무것도 들리지 않았던 귀와 마지막 일주일 동안 아무것도 볼 수 없었던 눈을 감싸 안고 웅크렸다.

의사는 해줄 수 있는 것이 아무것도 없다며 고개를 저었다.

우리 집에는 두 개의 불꽃이 꺼져가고 있었다.

아흔이 넘은 할머니의 생명의 불도, 그녀가 온종일 옆에 끼고 앉아 투박한 손으로 궁둥짝을 쓰다듬어주던 열다섯 살 개의 삶도 마지막을 향해 달려가고 있었다. 할머니는 로디의 죽음을 알지 못했다. 할머니는 다음 해 가을이 돌아올 무렵 낙엽 쌓인 길을 밟고 로디를 만나러 갔다.

로디는 우리가 난생처음 키워본 개였다.

나는 그 전까지 홀로 골목길에 들어설 때면, 제발 손바닥만 한 강아지일지라도 절대 만나지 않게 해달라고 성호를 긋고 심호흡을 해댔다. 그런 나를 변심시킬 만큼 어린 로디는 착하고 예뻤다. 소처럼 순한 눈으로 나를 바라보았다. 동생 발 사이에서 자고, 하루 대부분을 서실 소파에 나란히 앉아 말싸움으로 보내는 할머니와 할아버지 사이에 끼여 자랐다.

그를 향해 '빙긋 방긋' 웃던 얼굴들과 다정한 손길.

그게 그가 아는 전부였다. 사랑만 받아서 사랑을 주는 것만 알았던 개.

"안녕! 안녕! 로디 안녕! 학교 갔다가 금방 올게."
"로오~디! 내가 그렇게 반가워? 우리 아침에 헤어졌잖아?"
"로디멜! 오늘 할머니 할아버지랑 뭐 했어?"

가족들이 귀가할 적마다 헤헤헤! 펄쩍펄쩍 뛰던 우리 집 개.
생전 처음 보는 사람이 들어올 때도 펄쩍펄쩍 헤헤헤! 지조 따원 옛날에 엿 바꿔먹은 우리 개.

횡단보도를 건널 적마다 차에 치일까 사람 발에 치일까 하여 헉헉 숨이 넘어갈 것 같아도, 심장이 터질 것 같아도, 저기 멀리 보이는 세상 끝까지, 그러니까 길 건너편까지 들쳐 안고 뛰었던 나의 개.

그의 빛나던 리즈 시절, 견(犬)생의 정점에서 15킬로그램을 찍었을 때도 포기를 모르고 안고 뛰었던 나의 개. 내게 '하면 된다'를 가르쳐준 나의 개.

제 발치에서 잠든 로디를 깨우지 않으려고 애쓰다 그만 다리에 쥐가 났다고 고래고래! 전혀 미안한 기색도 없이 잠든 가족들을 깨우던 내 동생이 사랑한 개.

그 개의 불행은 그 사랑의 대표주자인 동생과 내가 긴 유학길에 오르는 것으로 시작됐다. 그는 필시 외로웠을 것이다. 북적거리는 소리는 옛일이 됐다. 그는 방이 텅 비었다는 것을 알았다. 책상도, 침대도, 여전히 탱탱한 동생의 농구공도, 욕실 손잡이에 걸린 나의 빨강 머리띠도 그 자리에 있었지만 그가 바라던 냄새는 매일매일 사라져갔다. 로디는 처음에는 동생 방을, 그다음에는 내 방 구석구석을 쿵쿵대고 다녔다. 남매의 티셔츠를 끌어내 웅크리고 누웠다. 현관 앞에 웅크려 앉아 기다려도 봤다. 갑자기 집을 지키는 개로 다시 태어난 것처럼 현관 쪽에서 바람소리만 나도 부리나케 달려갔다. 그 하루가 일주일이 되고 몇 달이 됐다.

그렇게 끝내 체념이라는 감정을 배웠을 때, 그는 고요 속에 남겨졌다. 그를 사이에 끼고 나란히 앉은 할머니와 할아버지는 예전처럼 기운차게 다투지 않았다. 봄이 온 줄도 모르고 한낮의 따뜻한 봄볕 아래 석양처럼 꼬박꼬박 조는 두 양반 틈에서 로디는 고개를 웅숭그리고 잠이 들었다.

거실 소파에 할아버지의 자리가 비었다. 할머니와 로디는 그 자리를 흡수하지도 병합하지 않았다. 세상 물정도 모르는지 그 넓은 자리를 남겨두고 둘이 원래 앉던 자리에 어전히 송기종기 꼭 붙어 앉았다.

그러던 어느 날 할머니가 로디에게 느릿느릿 물었다.

"너는 어느 집 멍멍이냐아~?"

할머니는 치매 판정을 받았다.

로디는 저를 모른다는 할머니를, 저는 잘 알고 있다고 여전히 사랑한다고 졸졸 따라다녔다.

그렇게 할머니의 방이 환자용 침대로 채워지고, 다정하던 부모님도 병간호에 몸과 마음이 지쳐가면서 그는 예전과 같은 관심과 보살핌을 받을 수 없었다. 엄마 아빠와 함께하던 산책은 아주

가끔의 일이 됐고, 심심하면 할머니의 간식을 가지고 할머니와 싸워주는 것이 그의 주된 일과였다. 그와 투덕거릴 때면 할머니의 창백한 얼굴에는 비로소 생기가 어렸다. 그는 때때로 할머니의 자는 얼굴을 멍하니 지켜보며 서 있기도 했다. 하루해가 완전히 저물 무렵이면 그는 지쳐가는 부모님 곁에서 또는 여섯 살 아이가 된 할머니 곁에서 잠이 들었다.

로디는 사람의 음식이 얼마나 맛있는지 잘 알고 있었다. 그래서 우리는 뭔가를 먹을 때면 로디 몰래 먹어야 했다. 로디는 저도 먹고 싶다고 네 입만 입이냐고 히이히잉 우는 소리를 내곤 했다. 할머니 할아버지는 개는 사료만 먹어야 한다는 우리 남매의 주장을 들어주는 척만 하고 귓등으로 날려 보내는 것을 좋아했다. 식탁에서 로디는 늘 할머니 옆에서 비상대기를 하고 서 있었다. 그녀의 손끝에서는 식탁의 웬만한 메뉴가 작은 조각이 되어 분수처럼 솟아났다. 로디의 피부병을 고쳐보겠다고 엄마가 일부러 현미밥을 해서 그에게 먹일 때, 할머니는 아무리 개로 태어났어도 그렇지 그 간도 안 되어 있는 것을 어떻게 먹느냐며 가족들 몰래 밥 위에 청국장을 살짝 부어줬다.

코카스파니엘은 대부분 피부에 고질적인 부스럼을 안고 있다. 로디도 예외는 아니어서 소나 돼지, 오리, 닭이 섞인 사료나 간식은 먹을 수 없게 됐다. 그래서 연어가 섞인 사료나 다이어트용 사료, 개껌만 간식으로 먹어야 했다. 이런 얘기를 할머니한테 하면 할머니는 나와 동생을 '내가 이것들을 잘못 키웠구나' 하는 눈빛으로 바라보았다. 어린 짐승이 불쌍하지도 않냐고 그러면 못 쓰는 법이라고 고개를 저었다. 수의사가 한 컵 반을 주라던 사료는 할머니 손에서 세 컵으로 늘어나기 일쑤였다.

할머니는 밤을 까면서, 수박을 자르면서 리듬감이 상당한 구한말 버전 랩을 달팽이 뛰어가듯 쏟아내곤 했다. "하아~나는 누나를 주고, 요고~는 혀잉을 주면, 로오~디는 이눔을 먹자," 할머니 손에 무엇이 들려 있든지 간에 로디는 저도 떡하니 한몫 껴서 얻어먹는 것을 좋아했다.

그 좋던 시절은 할머니의 치매가 발병하는 것과 동시에 다시는 돌아갈 수 없는 과거의 추억으로 남겨졌다. 그는 쓸쓸하고 외로운 개가 됐다. 할머니가 몰래몰래 공급해주던 수만 가지 음식은 다시는 맛볼 수 없는 것이 됐다.

그래도 할머니가 마음으로 키운 개는 제가 무탈한 것으로 그 마음에 보답했다. 할머니 간식이었던 초코파이를 몰래 먹고 심지어 봉투까지 숨겼다가 이를 발견한 엄마가 울며불며 그를 안고 병원에 갔을 때도, 식구들이 집을 비운 사이에 조기 한 상자를 남는 가시 하나 없이 다 먹어치워 사색이 된 가족들이 그를 둘러업고 병원에 갔을 때도 그는 탈 없이 건강한 것으로 보은을 했다.

그렇게 착한 개, 우리 강아지.

시간을 돌릴 수만 있다면 되돌아가고 싶었다.

우리는 그를 어떻게 키워야 하는지 잘 몰랐다.

우리가 개를 처음 키워봐서 몰랐다는 그 15년이 그에게는 모든 삶이었다는 사실을 아주 늦게서야 깨달았다. 로디의 마지막 한숨이 다한 후에야 그에게 사과를 한다.

그는 다양한 장난감도 갖지 못했고, 매일매일 산책도 가지 못했다. 식구가 많아 항상 누군가는 그와 함께 집에 있기 마련이라는 것이 로디에게 가장 큰 행운일 거라고 믿었다. 우리 로디는 항상 외롭지 않으니 행복하리라 생각했을 뿐, 그와 함께 여행 한번 가보고 싶다는 생각조차 해본 적이 없었다. 그리고 마침내 우리 동네 작은 산 꼭대기가 그의 전 생애를 통틀어 가장 멀리 가본 곳이 되고야 말았다. 나의 개는 바다에서는 무슨 냄새가 나는지 영원히 알지 못했다.

나와 동생은 각자 거의 1년에 한 번꼴로 돌아와 그를 하늘까지 방방 뛰어오르게 했다. 하지만 고작 몇 주였다. 그 몇 주도 친구들 만난다, 무슨 무슨 볼일이 있다 하고 밖으로만 돌았다. 그 몇 주가

지나면 그저 짬짬이 놀아준다고, 집을 나서면 가버리는 것이 아니라 반드시 돌아온다고, 살을 맞대고 잠들어준다는 것만으로도 좋아 죽겠다고 빙글빙글 뛰던 로디는 다시 또 체념하는 법을 배워야 했다. 떠나는 날이 되면 안절부절못하던 로디에게 우리는 그제야 무거운 마음으로 안녕 안녕 손을 흔들었다. 너를 사랑한다. 너를 항상 그리워한다. 보고 싶을 거야. 우리가 그를 마음 깊이 사랑한다는 사실에는 의심의 여지가 없었다. 다만 우리는 주로 입으로 그 사랑을 실천했다.

나의 입이 멀리서 그의 안부를 묻는 몇 년의 시간 동안 피부병이 있던 그를 전담하여 목욕시키고 병원에 데려간 사람은 엄마였다. 그녀는 치매에 걸린 할머니를 돌보느라 로디를 산책도 제대로 못 시킨 것을 너무 미안해했다. 가장 미안해하지 않아도 될 것 같은 사람이 가장 미안해했다. 오랫동안 차가운 그를 붙잡고 엄마는 엉엉 울었다.

매년 우리가 돌아올 때마다 좋아서 정신없이 펄쩍펄쩍 뛰던 개를 영영 잃어버렸다. 그는 좋아하던 이와 이별하여 우는 내 곁에 오래오래 앉아 내 눈을 바라보던 다정한 개였다. 그가 죽고 시간이 갈수록 나는 로디에 대해 더 많이 생각하게 됐다. 나에게 그의 자리는 호리병처럼 깊고 넓은 것이었음을 깨닫는 것은 견딜 수 없게 괴로운 일이었다. 밤이 되면 그의 홀짝홀짝 물 먹는 소

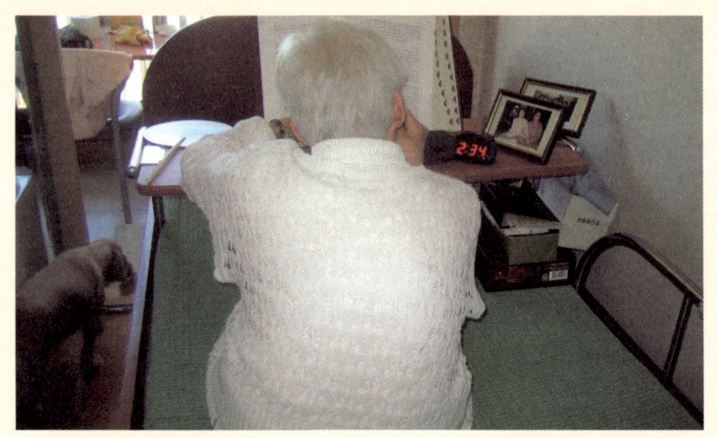

할머니방 환자용 침대 위에서 돋보기를 들고 독서를 하고 있는
할머니와 언제나처럼 근처를 맴도는 로디는 좋은 팀이었다.

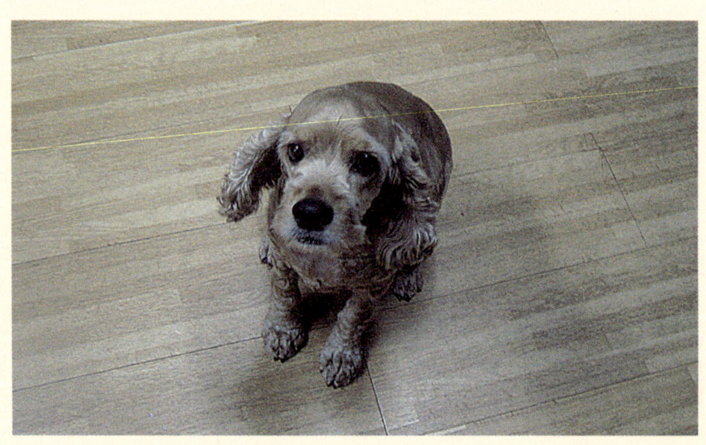

로디는 항상 알고 있었다.
커다란 네모 가방이 꾸려지면 형도 누나도 다시 오랫동안 사라진다는 것을.

리, 타박타박 다정한 발소리가 들려왔다.

내가 아는 가장 멋진 개, 다정한 강아지.

로디다.

로디, 너는 내 모든 여름이었어

"강아지라고 하지 않았어?"

선배는 하하하 웃었다.

뭐라고 대꾸를 해야 하는데 그것도 못 하고 멍하니 올려다보고만 서 있는 나.

"팔 안 아파? 힘이 참 세신가 봐요, 아가씨?"

앗, 이건 뭐지?

'진짜 힘이 세다고 말할까? 아니에용~ 이러고 내숭을 떨어야 할까? 아! 근데 왜 나한테 아가씨라고 그러지? 나한테서 참한 아가씨의 향기를 맡았나? 그냥 한 말인가? 아니 아니 그것보다 팔 안 아프냐고 그러는 건 내가 너무너무 걱정된다는 뜻일까? 그렇게 걱정할 만큼 혹시 나를 좋…'

이상하게 그 앞에만 가면 '네? 네에. 아! 네.' 한마디도 제대로 하지 못한다. 멍순이가 됐다가 문득 정신을 차려보면 그 커다란 등은 이미 저 멀리 성큼성큼 걸어가 버린 후다.

  햇빛은 반짝, 아스팔트 아지랑이도 번쩍번쩍. 어느 여름 한낮에 커다란 등이 내게 전화를 했다. 우연히 우리 동네에 오게 됐다고, 그러다 문득 내 생각이 났다고.
  "어디어디 동물병원 앞에서 만나요!"
  미용을 하러 가야 하는 로디를 데리고 나선 마음은 두근두근 구름 위를 날고, 심장은 둥둥둥둥 북을 쳐대고, 말랑말랑한 분위기에 발맞춰 로디도 밖으로 나오자마자 망나니처럼 날기 시작했다. 그 기세로 동물병원 앞 횡단보도까지 로디에게 매달려 질질 끌려오는 것을 선배는 몽땅 지켜본 모양이었다. 그리고 로디를 두 팔로 받쳐 안고 낑낑거리며 횡단보도를 건너는 것까지 모조리. 그 얼굴이 빙글빙글 웃고 또 웃었다.
  평소에 우리 강아지가 어쩌고저쩌고 하는 것을 들었는지 정말 작은 개인 줄 알았다고, 우리 로디가 집채만 한 게 귀엽다고 연신 쓰다듬어주던 그 손이 참 다정했다. 내 머릿속을 동동 떠다니던 커다란 등판은 그날로 다정한 손도 가지게 됐다.
  그 동물병원은 사라졌고, 짝사랑의 얼굴도 이젠 모두 가물가물해졌다. 그런데도 금발 곱슬머리, 귀여운 꼬리, 동그란 눈동자, 너의 얼굴은 아직도 내 가슴 속에 그대로 살아 있다. 집에 들어오거나 나가면서 그 사거리를 지날 때마다, 사거리 신호 대기에 걸려 그 횡단보도를 바라볼 때마다 나는 너를 생각한다. 스물하나, 너를 끌어안고 뛰던 나와 헤헤 웃던 너의 얼굴, 그 여름을 생각한다. 그리고 생각해본다. 외로워도 슬퍼도 즐거워도 기뻐도 언제나 기다려주던 너는 어디로 가버린 걸까 하고.

수많은 여름, 꿈을 꾸던 즐거운 시절에 나를 매달고 달려줬던 너의 거칠 것 없던 용기를 나는 고맙게 배웠다. 그리고 이제야 너에게 삼사를 힌다. 눈부시던 여름일지라도 문득문득 어두운 절망이 찾아올 때, 나를 가만히 위로해줬던 너에게. 그러다 밖에서 부스럭부스럭 과자봉지 뜯는 소리에 바로 뒤도 안 돌아보고 방문을 박차고 달려나갔던 너의 궁둥짝에도 나는 무조건 감사를 한다. 수없이 많은 기억으로 남아주어서 고마울 뿐이다.

한때는 찬란했던 너와 나의 여름은 이제 가버렸지만, 너만은 추억으로 남아줬다. 나의 청춘이 빛을 잃고 너의 삶이 사라졌을지라도, 너는 내 사랑.

로디야. 함께 뛰어줘서 고마웠다. 사랑해줘서 고마웠다. 미안한 게 너무 많아. 그래도 사랑한다고. 로디야, 잘 가라. 우리 꼭 다시 만나자. 꼭 한 번만, 꼭 다시 한 번만 함께 뛰어줘.

거실에 지금도 여전히,
그리고 앞으로도 걸려 있을 로디의 마지막 겨울 점퍼

나이스 투 밋츄,
뽕실!

배·신자는 이 안에 있다

이사를 가는 날이면 언제나 할머니, 동생, 나, 그리고 로디가 아파트 앞 벤치에 옹기종기 앉아 있었다. 어른들이 일 처리를 끝내고 마지막으로 우리를 태워가기를 기다리던 그 한가한 오후처럼, 우리 언젠가 다시 만날 날을 나는 기쁘게 기다리고 있다.

나는 옛날 살던 아파트, 그 벤치를 찾아가 비실비실 울었다. 로디를 가장 많이 돌봤던 엄마는 의연하려고 하는데, 뒤늦게 땅을 치는 나만 마냥 돌림노래를 부르고 있었다. 밤이 되면 로디가 자박자박 걸어오던 소리, 물 먹는 소리가 들려 견딜 수가 없었다. 인터넷을 부여잡고 똑같이 생긴 개를 찾고 또 찾았지만, 세상 어디에도 로디를 닮은 개는 없었다.

우리는 다시는 개를 기르지 않겠다고 다짐하고, 심지어 결의도 했다. 엄마는 모두의 다짐을 받으며 로디의 겨울 점퍼를 거실 책장 옆구리에 높이 걸어놓았다. 이제 청소를 조금만 열심히 해도 되겠다고, 개털이 안 날리니 좋아 죽겠다고 울면서 손뼉을 쳤다.

하지만 약속도 하고 결의도 하고 손뼉까지 쳤건만 적은 바로 옆에 있었다. 내 마음속에서 배신의 씨앗이 자라고 있었던 것이다. 로디와 닮은 개를 찾아 헤매는 동안 나도 모르게 일주일째 들여다보고 또 들여다보게 되는 강아지가 생겨버렸다.

포인핸드(pawinhand)라는 유기견 보호 앱이었는데, 멀리 떨어진 곳에 있는 하얀 강아지를 보게 됐다. 눈이 처연한 것이 보이는 것이라고는 체념뿐이었다. 마치 제 죽을 날을 미리 알고 기다리는 것처럼 보일 정도였다. 특이사항에 '다리장애'라고 기록되어 있는 것이 자꾸 마음에 걸렸다.

로디에게 미안했다. 또 죄책감이 들었다. 개를 처음 키워봐서 잘 몰랐다는 것으로 변명하는 내가 한심해졌다. 자꾸 미안한 일들만 생각났다. 속죄하고 싶었다. 장애가 있는 개들이 이렇게 많은 줄 몰랐다. 불쌍했다. 살길이 막막한 어느 강아지에게는 이런 나일지라도 조금은 도움이 될 수 있지 않을까? 특히, 자격이 없는 나는 건강한 개보다는 장애견을 키워야 한다고 생각했다.

그 강아지는 보호 날짜도 이미 지나 있었다. 안락사되면 어쩌나 겁이 나면서도 선뜻 데려올 엄두가 나질 않았다.

"살아 있어라. 오늘 네가 살아 있다면 내가 널 데리러 가마."

어느 날 아침에 일어나니 문득 이런 말이 나왔다. 로또 당첨번호를 맞춰 보는 기분으로 서둘러 앱을 확인해보니 그는 잘 살아 있었다. 그렇게 나는 공고에 나온 전화번호를 누르는 것으로 눈부신 배신의 서막을 올렸다.

한번 보러 가겠다고 했더니 전화 속 동물병원 원장님의 목소리가 활기를 띠었다. 처음엔 무뚝뚝한 말투였는데 '입양'이라는 한마디에 그렇게 명랑해질 수가 없었다. 나를 '선생님'으로 즉각 등급 상향도 시켜줬다.

나는 그때까지만 해도 그 강아지가 기어 다녀야만 하는 줄 알았다. 뒷다리가 모두 불편한 줄만 알고 장애견을 위한 휠체어를 몇 개월 할부로 끊어야 할까를 진지하게 생각한 후에, 무이자 할부에 대한 진중한 계획을 끝내고 나서야 아주 후련한 마음으로 거실에 식구들을 불러 모았다. 그리고 〈동물농장〉을 틀었다.

로디가 생각나 못 보겠다면서 눈을 가렸지만 다들 손가락 사이사이가 살짝 벌어져 있었다. 그리고 그 손가락이 눈꼬리를 훔

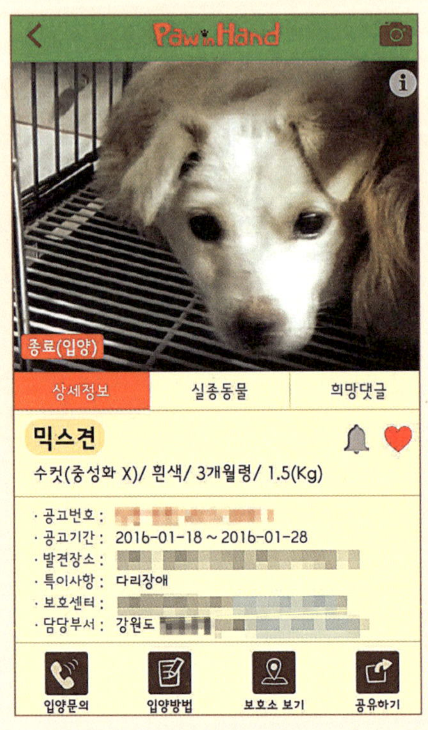

복실이의 입양공고(출처: pawinhand.com)

칠 때쯤 우리가 내일 저만큼이나 불쌍한 유기 강아지를 '잠깐' 보러 갈 것이라고 지나가는 말처럼 흘렸다. 구성원 중 누군가가 나의 말에 물음표 달린 대꾸를 하기 전에 나는 얼른 자리를 떴다.

그리고 다음 날, 마치 10년 전에 한 약속을 지키라는 양 이른 아침부터 가족 구성원 각자에게 원투원으로 붙어 초를 다투는 압박축구형 닭달과 몰이를 구현한 이 배신자는 마침내 닥쳐올 미래를 전혀 감지하지 못한 순진한 식구들의 손을 잡고 집을 나섰다.

🦴 미스터리 동물병원에 오신 것을 환영합니다

우리 가족이 손잡고 들어선 A동물병원은 그때까지 내가 알던 모든 병원과 달랐다. 내가 알던 병원의 수의사들은 진료가 끝나면 매번 소독약을 가져다 진료대가 있는 책상 위를 닦았다. 냄새도 없고 더러움도 없었다.

A동물병원은 특이했다. 입구부터 유기견이 들어 있는 케이지들이 공간을 가득 메우고 있었다. 애초에 손님을 위한 대기석이었을 법한 소파와 테이블들은 이미 벽 끝까지 밀려나 소형 유기견 케이지들을 지탱하고 있었다. 청결하고 세련된 동물병원을 만들어 수입을 극대화하겠노라는 노력은 전혀, 모래알 하나만큼

도 찾아볼 수 없었다.

냄새가 좀 나고 지저분해 보이는 대신, A병원엔 특별한 것이 있었다. 유기견들이 아무도 밖에서 추위에 떨고 있지 않았다. 유기견 공고기간(10일, 그 이후 안락사)이 무려 5개월이나 지난 개도 이 동물병원에서는 살아남을 수 있었다. 우리가 입양할 강아지 역시 공고기간이 한참 전에 끝났지만 여전히 살아 있었다.

"밥을 먹일 수 있는 한, 공간이 있는 한, 그냥 밥이라도 먹이는 거지." 수의사는 남 얘기 하듯 대수롭지 않게 말했다.

그때가 2월 초였다. 우연히 본 유기견 공고의 강아지를 만나겠다는, 입양에 대한 나 혼자만의 고민을 가족 모두의 고민으로 승화시키는 작업이 번갯불에 콩 볶아먹듯 마침내 결실을 이룬 때가.

병원의 수의사는 일단 우리의 방문에 기뻐하는 것 같았다. 학대당한 기억을 안고 끝내 버려진 그 강아지는 다행히 다리가 모두 불편한 건 아니라고 했다. 뒷다리 중 하나가 제 기능을 하지 못한다고 했다. 수의사는 입양하러 왔다는 나를 아주 반갑게 병원 안쪽으로 데려가더니 이것저것 취조하듯 캐묻기 시작했다. 전날 전화로 방문 의사를 밝혔을 때 환대하던 것과는 아주 딴판이었다.

강아지를 키워본 경험은?

집에 다른 강아지가 있나?

누구와 사나? 집에는 사람이 항상 있나?

저기 함께 온 가족들도 입양에 모두 찬성하나?

혹시 그 밖에 다른 가족이 있다면 그들도 모두 찬성하나?

주로 누가 돌보나?

직업은?(당신이 너무 바빠서 애를 혼자 둘까 봐 그래)

집은 어디고?

깅이지기 장애가 있는데, 돌볼 수 있나?(병원비가 많이 들 수도 있는 데 감당할 수 있겠어?)

다행히도 내가 모든 조건에 합격한 모양이었다. "아이고, 아이고" 하며 갑자기 등을 팡팡 두들긴다. 어찌나 환한 표정이던지. 얼른 입양동의서를 쓰잔다.

이윽고 케이지 중 하나로 다가간 수의사는 하얀 강아지 한 마리를 내려놓았다. 우리의 주인공 복실이다, 이복실.

2층 숙소에서 땅으로 내려온 복실이는 사람 손길이 무서워 구석진 곳으로 슬금슬금 도망갔다. 잘 움직이지 않는 다리를 끌고 기어갔다. 빨리 숨고 싶어 하는 마음과 달리 뒷다리가 제대로 따라붙지 못한다.

그 모습을 본 엄마가 먼저 고개를 돌렸다. 눈물이 그렁그렁했다. 우리는 저마다의 방법으로 담담해지려고 노력했다. 그래서 모두 고개를 딴 데로 돌린 셈이 됐다. 이 모양새가 수의사의 눈에는 불길하게 비친 모양이었다. 그는 불안감을 잠재우려는 듯 명랑한 목소리로 말했다.

"하, 이 녀석이 왜 그러지? 그래도 곧잘 서고 그랬는데, 그렇지 엄마?"

그러자 빽빽한 케이지 사이에 용케도 앉아 있던 수의사의 노모가 흰둥이를 얼른 안으며 대꾸한다.

"케이지에서 막 내려놔서 그래. 밖에 잘 못 나오니까, 다리 저는 건 운동시키면 이것보다는 잘 걷게 되지. 내가 계속 밥을 줬는데, 밥도 잘 먹고 변도 잘 보고 건강하더라. 다리도 만져보니 뼈는 튼튼한 것 같다. 그리고 강아지가 얼마나 착한지 모른다. 여기서 운동을 잘 못 시키니까 이렇게 자꾸 굳는 거야. 여기 더 있으면 정말 주저앉게 될 텐데, 얼마나 다행인지….."

우리는 장애가 있다는 걸 알고 왔노라고 말했다. 그래도 노모는 우리가 복실이를 안고 옹기종기 둘러선 후에도 강아지의 편에 서서 입장을 계속 대변해줬다.

수의사와 마주 앉아 입양동의서를 비롯해 등록서류를 작성하는 동안, 나는 또 하나 놀라운 사실을 깨달았다. 복실이는 복실이가 맞았지만, 내가 알던 복실이와는 조금 달랐다. 복실이는 인터넷 유기견 공고에서 보았던 내용보다 4킬로그램이 더 나갔으며, 나이도 5개월이나 더 먹었다. 불과 두 달이 안 되는 기간에!

수의사는 멋쩍은 미소를 지으며 노모에겐지 혼잣말인지 중얼거렸다.

"에이, 엄마가 밥을 많이 줘서 얘가 살이 많이 쪘네."

"넌, 언제 그렇게 나이를 먹었나?"

"(복실이의 치아를 살펴보며) 아, 이제 보니 나이가 그렇구나."

10점 만점에 3점. 한때 연기의 신을 꿈꾸며 무대 물 좀 먹은 내가 보기에 수의사의 연기력은 형편없었다.

"그게 사실, 장애가 있는 데다가 발발이(복실이는 토종 시골 강아지, 굳이 종을 말하라면 믹스, 발발이 종이다)는 입양이 잘 안 돼요. 얜 그나마 아직 어린 축이고, 작고 어린애들은 그래도 입양이 되는 편이니까. 이걸 버려놓고 주인이 다시 찾아갈 것도 아니고…. 어쩌면 좋으냐고, 그래서 뭐 좀 낮추고 그런 거지."

10점 만점에 10점. 이런 분을 몰라뵙다니!

우여곡절 끝에 결국 입양을 성사시킨 수의사는 무척 기뻤던 모양이다. 심문이 끝나 서류를 작성하고, 반려견 등록하고, 등록비 내고, 접종이 시작된 와중에 자꾸 뭔가를 선물로 주려 했다.

수의사가 입양 기념으로 예방접종 한 가지를 무료로 해준다기에, 난 무엇인가 사야 한다는 압박감에 시달리기 시작했다. 이 많은 강아지를 공고기간을 넘겨 가며 먹여 살리는 선생님의 간을 빼먹을 순 없었다.

"그래, 사료! 사료를 주세요!" 나는 애타게 소리쳤다.

수의사는 "짜잔! 축! 입양 기념!" 하면서 제일 비싼 사료를 덥석 집어다 줬다.

아니, 돈 주고 산다고요.

"아, 배변 패드를 주세요!"

그가 그냥 손으로 몇 장 집어다 주면서 말했다.

"동네에 가서 사세요."

"그럼 중성화 수술 할 때 올게요."

그는 혀를 끌끌 차며 고개를 저었다.

"수술 끝내고 집에 갈 때 애 힘들어 죽어요. 너무 멀어서 안 돼요, 통원 치료는 어떻게 할라고?"

그리고 덧붙였다. 네가 네 개가 유기견 출신임을 부끄러움 없이 밝힌다면 중성화 수술비를 깎아주는 병원이 있을 것이다. 그곳을 찾아라. 다리는 이미 늦은 것 같다. 다만 네가 원한다면 엑스레이를 찍어볼 수는 있을 것이다. 하지만 꼭 권하고 싶은 일은 아니라서 나는 해주지 않는다. 다른 데 가서 해라. 차라리 그것보다는 나중에 복실이가 늙어가면서 문제가 생길 텐데, 그때는 아깝다고 생각하지 말고 돈을 써라.

네, 네.

그러고 보니 이 병원은 손님들조차 참 이상했다. 수의사는 병원을 가득 채운 케이지들 탓에 앉을 자리조차 없어 서 있던 유료 손님들은 뒷전이고 나에게 이것저것 '입양 기념품'을 마련해주느라 분주했다. 단골로 보이는 서너 명은 그렇게 마냥 기다리고 서서도 불쾌함을 표하기는커녕 오히려 복실이에게 덕담을 해줬다.

동네 사람 1

"입양 가니 좋겠구나!"(절로 흥이 나는 투로)

동네 사람 2

"잘 살아야 한다."(걱정스러운 표정, 하지만 다행스럽다는 말투)

동네 꼬마 1

"엄마! 쟤는 다리가 왜 저래?"(걱정스러운 표정, 아이답게 심각한 말투)

수의사의 기쁨은 그러고 나서도 계속 드러났다. 복실이가 우
리 엄마 품에 안겨 병원 문을 나설 때까지, 동생이 마지막 문을
열고 돌아설 때까지, 병원 문을 3분의 1쯤 열고 계속 손을 흔들
었다. 그리고 이틀 후, 병원 직원은 집으로 전화해 정다운 목소리
로 물어봐 줬다. 복실이 잘 있느냐고.

나는 아직도 복실이를 볼 때마다 그 수의사를 생각한다. 수의
사가 보여준 진심 어린 모습을 생각할 때면, 마음의 위안을 얻는
다. 복실이가 아주 불행한 것은 아니었다고. 내가 복실이를 모르
던 시간에도 어느 누군가는 버려진 그를 그저 외면하거나 잡아먹
는 대신에 진심으로 걱정하여 보호소에 연락을 해줬을 것이다.
그리고 지정병원의 수의사는 그를 안락사시키는 대신 그의 생명
을 감싸 안았다. 그의 눈빛에는 강아지를 향한 순수한 사랑과 연
민과 동정이 가득 담겨 있었다. 복실이가 태어나자마자 겪어야
했던 괴로움과 고통에 대한 슬픔이자 축복, 앞으로는 과거를 잊

고 잘 살았으면 좋겠다는 애정이 담긴 인간애다. 아마도 살아 있는 모든 것에게, 고통받는 약자에게, 사람들을 대표해서 전하는 짧은 사과가 담겨 있었을지도 모르겠다.

너한테 다리가 하나가 달렸든 두 개가 달렸든, 또는 세 개든 네 개든 이것은 사랑이라고. 상업적 이윤보다는 말 못 하고 다리 하나 못 쓰는 시골 강아지 목숨이 더 중하다고 어느 읍내에 있던 동물병원 수의사는 행동으로 말해줬다. 복실이 너도 소중한 생명이라고, 살아가라고.

🦴 복실이의 뿌리, 그리고 나의 책임

복실이가 드디어 집에 왔다.

우리는 그 아이를 애정을 듬뿍 담아 내키는 대로 불렀다. 이뽕실, 이뽕띵, 이뽕띵똥, 뽕띵똥, 뽕띵, 이뽁실, 뽕띨….

뽕실이가 오고부터 나는 또 하나의 묵직한 숙제를 안게 됐다. 내 마음을 너무나 괴롭히는, 어떻게든 결론을 내야 하는 숙제였다.

그날 나는 소중한 기름을 하릴없이 낭비하면서 자동차로 동네를 빙빙 돌고 있었다. 그러다가 사거리에 서서 흔들리는 커다란 풍선 인형과 세 번째 눈이 마주쳤을 때, 나는 나도 갈 데가 있는 사람이라는 것을 온몸으로 휘날리고 있는 그에게 보여주고 싶었다. 그래서 직진.

자유로를 탔지만 자유로 끝, 판문점 가는 길을 일없이 들여보내 줄 리가 없다. 검문소를 200미터 남겨두고 유턴을 했다.

내가 아는 한 여기가 고속도로에 그려진 유일한 유턴 표시였다. 가끔 생각할 것이 있으면 집에서 나와 바로 자유로를 타고 이곳까지 달리곤 했다. 무슨 일이든, 이 끝에서는 결론을 내야 했다. 어떤 결정을 내렸든 유턴을 해서 돌아오는 길에는 더는 생각하지 않았다. 그래도 가끔은 아무리 끝까지 점을 찍고 돌아도 결정할 수 없는 일이 생기곤 했다.

이제는 집을 향해 돌아갈 일만 남았다. 그런데 정신을 차리고 보니, 내가 엉뚱한 길 위에 서서 끝날 것 같지 않았던 길이 끝난 것에 당혹스러워하고 있는 것 아닌가. 길 끝에는 군부대 입구를 가로막은 검문소가 있었다. 갈 수 없는 길이었다. 아예 처음부터 고민하지 말고 남쪽을 향해 달릴 것을 하고 후회했다.

"무슨 일이십니까?"

잘생긴 군인이 친절하게 물었다. 쥐어짜내야 했다. 우리 뽕실이와 관련해서 뭔가 고민이 있어서 달리다 보니 여기까지 왔노라고, 하면 그 잘생긴 군인이 얼마나 어이없어하겠는가.

"땅굴… 보러 가려면 어디로 가야 합니까?"

그래, 전방 하면 땅굴이지.

나는 최대한 바보처럼 웃으며 물어보았다.

다행히 그는 전혀 놀라지 않았다. 여기까지 차를 몰고 와서 이렇게 물어보는 민간인이 매우 많은 모양이다. 그 군인과 줄곧 그 옆에 서 있던 다른 병사는 개방된 땅굴로 가는 길을 그려주고 친절하게 설명도 해줬다. 이로써 나는 네 명의 군인이 사각형으로 흩어져 각각 나에게 보내는 수신호에 맞춰 세상에서 가장 절도 있는 유턴을 내 전 생애를 통틀어 가장 엄숙한 자세로 수행하는 정말 멋진 경험을 하게 됐다.

그런데 말이지. 참 신기하기도 한지고. 어찌어찌 계속 고고고를 하다 보니 저 전봇대에 붙은 지번이? 뽕실이가 구조된 바로 그 골목 아닌가. 용하기도 해라. 구글얼쓰에서 보여준 거랑 똑같네.

뽕실이가 구조됐다는 곳은 그냥 골목길을 나타내는 주소까지만 나와 있었기에 정확한 위치는 알 수 없었다. 버려져야 했던 사연도 불투명했다. 앞서 수의사는 버려져 있었다고, 아마 감당이 안 되어 버렸을 거라고만 말해줬다.

그 골목에는 여남은 집이 있었다. 대문이 없는 집은 주인이 떠나고 없는 듯 커다란 자물쇠로 잠겨 있었고 뜰에는 풀이 무성했다. 또 다른 집 앞에는 1미터도 안 되는 쇠줄에 묶여 있던 팔뚝만 한 개가 텅 빈 양푼을 핥다 말고 차를 보며 짖었다. 뽕실이가 자라면 저런 모습일 것도 같았다. 발발이, 시골 개, 똥개. 믹스견 다문화견, 바둑이, 뽕실이….

뽕실이도 버림받지 않았다면 저 줄에 묶여 있었을 것이다. 쇠줄 끝에 매달려 목을 길게 빼고서 이미 텅 빈 양푼을 저렇게 핥고 또 핥았을 것이다. 그 개가 어쩌면 뽕실이의 엄마일지도 모른다. 참 닮았다.

그 골목에서 뽕실이를 데려온 동물병원은 그리 멀지 않았다.

사실 나는 동물병원에 볼일이 있었던 건지도 모른다. 다만 나는 볼일을 만들 수도, 만들지 않을 수도 있었다. 하지만 결국 그 문을 열고 들어설 용기는 생기지 않았다.

뽕실이를 입양하러 갔을 때, 그의 케이지 안에는 그 말고도 연한 갈색의 개가 한 마리 더 있었다. 함께 버려졌다는 이야기를 그때 들었다. 수의사가 뽕실이를 그 칸에서 꺼내놓자마자 케이지 안에 남겨져 있던 그는 짖고 또 짖었다. 처음 문을 열고 들어설 때는 병원 안의 모든 개가 짖었었다. 그러다 뽕실이가 케이지에서 꺼내어질 때, 희망은 체념 주머니로 변해 다들 그 작은 입들을 무겁게 거두어 닫았다. 그래도 오직 갈색 개, 그만은 짖는 것을 멈추지 않았다.

그들은 함께 버려졌고, 그는 세 살이었으며 건강해 보였다. 어쩌면 그가 뽕실이의 아빠일지도 몰랐다.

내가 그날 작별인사를 하고 나왔다가 심장 사상충 약을 두고 온 것을 깨닫고 되돌아갔을 때, 그러니까 다시 그 병원으로 들어섰을 때, 되살아난 희망들이 다시 우렁차게 짖기 시작했다. 그들을 케이지에서 꺼내줄 수 없어 차마 눈을 맞출 수 없던 나는 발끝만 내려다보며 약을 두고 갔다고 말했다. 그 순간, 나도 모르게 시선이 간 그 케이지 속의 그는 뽕실이와 볼을 비비며 앉아 있던 자리에 조용히 웅크린 채 나를 바라보고 있었다. 마치 제 볼일은 다 마쳤다는 듯 나에게 말을 걸었다.

"그 애 말이야. 잘해줄 수 있지?"

가슴이 쿵 내려앉았다.

함께 버림받아 서로 꼭 달라붙어 기대고 있던 한 덩어리의 생명을 가지고 나는 선택을 한 것이었고, 그 선택은 괴로운 것이었다. 할 수만 있다면 둥글게 서로 뭉쳐 있던 고것들을 몽땅 들어 집에 데려가고 싶었다.

하지만 결국 나는 도망쳐 나왔다. 그를 데려갈 용기가 없었다. 우리는 개를 식구라고 생각하는 평범한 사람들이었다. 다만 스스로 씻거나 찾아 먹을 수 없는 두세 살 먹은 아이처럼 끊임없이 책임지고 돌봐줘야 한다는 것을 잘 알고 있었다. 그리고 적어도 15년의 세월을 그에게 약속할 수 있어야 한다는 것도 앞선 경험을 통해 잘 알고 있었다.

집에서 할머니 수발을 하느라 우리 엄마 아빠의 눈 밑에 그늘이 점점 더 깊어가던 무렵, 친척 중 누군가가 로디를 데려다 다른 사람에게 주는 것이 어떻겠냐고 한 적이 있다. 손을 좀 덜라는 것이다. 당시 유학 중이던 우리 남매는 그 얘기를 듣고 펄쩍 뛰었다. 전화선으로만 부모를 위로할 줄 아는 애들이다. 그런 말이 나올 만큼 할머니의 치매가 얼마나 심해졌는지, 로디의 피부병이 더 악화되지 않도록 엄마가 얼마나 노력해왔는지 우리는 알지 못했다.

엄마는 그때 힘든 마음에 잠깐 '그럴 수도 있겠구나' 하고 생각했던 것이 내내 마음에 걸렸다고 했다. 그 데려다 키우겠다는 사람이 누구냐고 물었을 때, 확실히 대답하지 못하는 친척의 침묵에 엄마는 가슴이 철렁 내려앉았다. 피부병에 시달리는 덩치 큰 코카스파니엘을 누가 좋은 마음으로 데려다 키우겠냐고, 말도 안 되는 소리라는 걸 그때 깨달았다고 했다. 영원히 잠든 로디를 쓰다듬으면서 엄마는 잠깐이나마 그런 생각을 했던 것을 내내 사과했다.

우리가 가족이라는 울타리 안에서 우리 집 아무개로 죽을 수 있다면, 우리 집 개도 우리 집 개로 죽기를 바랐다.

앞으로 최소 10년이 넘는 세월 동안 두 마리의 개를 키운다는 것은 자신 없는 일이었다. 나는 아직 시집을 가지 않고 부모와 살고 있었지만, 앞으로 어떻게 될지는 알 수 없는 노릇이었다. 미심쩍은 것이 너무 많았다. 아무리 생각해봐도 우리 상황에서 확실히 책임질 수 있는 것은 한 마리뿐이었다. 그리고 뽕실이는 다리 하나를 쓰지 못했다. 당시에는 그 다리를 위해 할 일이 많아 바쁠 것이라는 생각도 있었다. 그리고 갈색 털이 고운 그 개라면 다른 누군가가 나서지 않을까 하는 책임 없는 낙관론을 가져보기도 했다.

하지만 수의사는 옅은 갈색을 가진, 뽕실이 아빠일지도 모르는 이 작은 개가 많이 짖는다고, 입질이 심해서 아무래도 입양은 무리일 것 같다며 말끝을 흐렸다. 그 말에 억지로 편안을 찾으려던 마음은 다시 혼란스러워지고 말았다. 그렇지만 못 들은 척, 내가 만들어낸 수많은 변명에 고개를 끄덕이면서 나는 뒷걸음질을 쳤다. 15년의 약속을 그에게는 해줄 수가 없었다. 집으로 가는 차 안에서도 다들 그에 대한 이야기는 피하려고 애를 썼다. 누군가 "그래도 입양이 될지 몰라" 하고 희박해 보이는 희망을 비쳤지만 대답하는 사람은 없었다.

집으로 돌아와서도 매일매일 그가 입양됐을지도 모른다는 생각에 앱을 기웃거렸다. 그러다가 문득, 혹시 어느 날 그의 번호 앞에 흰 국화꽃이 핀 것을 볼지도 모른다는 생각이 들었다. 두려운 마음에 어느 날부터는 들여다보는 것을 그만두었다.

아침에 눈을 뜨면 '그래, 그냥 저질러보자!' 하는 마음이 들었다가도 점심이 지나 저녁이 될 때쯤에는 '두 마리는 무리야' 하는 생각이 들었고, 갈팡질팡하다 잠이 들었다. 영화처럼 '그래 결심했어!' 하고 분연히 달려가 그를 데리고 오는 멋진 상상은 다음 날이 되면 철없는 생각으로 버려졌다.

하지만 그를 만나러 되짚어갈 것을 수없이 상상한 그 길, 그가 아직 살아 있는 동물병원으로 가는 길을 나는 똑똑히 기억하고 있었다. 나는 우연히 그 지역에 간 것이 아니었다. 좌회전을 해야 하는 줄 뻔히 알면서도 직진을 했던 것이고, 우회전을 해야 하는데 직진을 했던 것이다. 우연은 결론을 낼 수가 없어 마냥 달려간 길 끝에 부대가 있었다는 것뿐이다. 그 검문소가 나오기 한참 전부터 이미 내비게이션에는 어떤 길도 표시되지 않았었다. 그저 눈앞에 길이 있었고, 내겐 시간이 더 필요했을 뿐이다.

더는 헤맬 곳이 없었다. 가만히 앉아 생각할 시간을 벌고 또 벌었지만, 나는 결국 차에서 내리지 않았다. 동물병원 맞은편에 차를 세우고 영원히 풀리지 않는 안전벨트에 결박된 것처럼 매달린 채 선량한 수의사가 있는 병원 문만 내내 노려보았다. 깜박거리는 걸 잊은 탓에 눈이 뻑뻑해졌고 이내 벌겋게 퉁퉁 부었다.

돌아오는 데 걸린 시간은 갈 때보다 한 시간 반이나 짧았다. 나는 헤매지 않았고, 운전대만 잡으면 불러대던 노래도 부르지 않았다. 무인자동차 시스템처럼 그저 정확하게 액셀을 밟고, 브레이그를 밟고, 깜빡이를 켜는 일에 집중했다.

뽕실이가 살았던 집이 있었을지도 모르는 그 골목길을 빠져나올 때만 해도 나에게는 내가 엄청난 일을 할 수 있을지도 모른다는 희망이 있었다. 하지만 내가 나 자신과 갈색 털의 개에게 준 것은 절망뿐이었다. 내가 마지막으로 그와 눈을 마주쳤을 때, 그는 내 안의 희망이나 고민 따위는 몰랐을 것이다. 아니, 제발 몰랐어야 했다. 그리고 나는 그렇게 믿기로 했다.

이 순간만큼은, 나는 그저 이기적인 유전자 덩어리에 불과했다.

유기견이라
더 특별한
적응법

| 적응 최소소 훈련법 |

2장

유기견을
차별하라!

🦴 유기견과 분양견은 기억이 다르다

'유기견'을 차별하라고, 그러니까 특별히 대하라고 하는 이유는 분양견과는 아주 원초적인 면이 다르기 때문이다.

펫샵이나 가정에서 처음으로 분양된 강아지들과 보호소나 길에서 헤매다 주인을 만난 개들은 매우 다르다. 분양되어온 강아지들에게는 일단 아픈 기억이 없다. 트라우마 따위는 찾아볼 수 없는 흰 도화지와 같다. 대부분 생후 6~7주를 전후하여 젖을 떼자마자 분양이 되거나 강아지를 파는 가게의 투명창 너머에서 하루 대부분 꼬물꼬물 잠을 잔다. 이른 시기에 어미 개와 떨어진 탓에 대개는 사회화가 전혀 안 되어 있다. 데려간 주인이 어떻게 교육하느냐에 따라 교육이 잘되면 잘된 대로, 부족한 면이 있다면

부족한 대로 성장할 것이란 얘기다.

펫샵의 강아지들 대부분이 강아지 공장에서 온다는 사실을 고려하더라도 깜깜한 방, 케이지에 갇혀 빛 한번 보지 못하고 고문을 당한 것은 그들의 부모일 뿐이다. 돈과 맞바꿀 수 있는 강아지들은 그나마 나름 상품 대접을 받아가며 경매장에 나온다. 몸집이 커질까 봐 젖도 양껏 먹을 수 없도록 어미로부터 분리되고, 어미의 품에서 살을 비빈 것이 설사 한 달에 불과할지라도, 사람들 기호에 맞춰 더 작게 보이려는 악덕 업자를 만나 반 주먹도 안 되는 사료로 하루를 연명한다고 하더라도 그나마 이들에겐 버림받았다는 잔혹한 기억은 없다. 학대 또는 길 위의 삶 같은, 목숨을 위협받은 기억은 없다.

그럼 달 수가 늘어가는데도 분양이 안 되는 강아지들은?

유기견과 다를 바 없는 신세가 된다. 나쁜 업자는 교배견이랍시고 강아지 공장의 불구덩이로 되팔아 그래도 몇 푼을 챙길 것이고, 불쌍하고 안 됐다고 생각하는 업자는 주변 지인이나 그저 키워줄 수 있는 사람에게 보낼 것이다. 이런 경우 강아지는 분양이 되었어도 눈치를 보게 마련이다. 그동안 사람 품에 안겨 투명창을 떠난 동료들을 여럿 목격했다. 이번엔 내 차례일까, 희망이 절망으로 수십 번은 바뀌고 또 바뀌었다. 사람 곁에 오래 살아 눈칫밥을 제일 먼저 알아채는 동물이 개다. 거기다 사회화가 될 시기에 오랫동안 갇혀 있었던 터라 온통 알지 못하고 무서운 것들 천지다.

그런 분양견들과 달리, 우리 유기견들에게는 대부분 기억이라는 것이 존재한다. 주인을 만나 기대를 해보았다. 가족과 함께 살아간다는 것에 콧김을 뿜뿜거리며 설레도 봤다. 행복했을 수도, 내내 불행했을 수도 있다. 사시사철 간식을 입에 물고 주인 손에 산책을 가면서 입꼬리가 올라갔을 수도 있고, 내내 묶여 있거나 배를 곯았거나 두들겨 맞았을 수도 있다. 그리고 헤어졌을 것이다. 실수로 주인과 개가 서로의 손을 놓친 것일 수도 있고, 자신을 풀숲에 버리고 가는 주인의 등을 이동장 안에서 멍하니 바라보았을 수도 있고, 도로 한복판에 버려져 저를 버리고 떠나는 차의 꽁무니를 허둥지둥 쫓아갔을지도 모른다. 학대하던 주인에게서 구조가 이루어진 다행스러운 경우도 있을 것이다.

혼자 남겨진 과정이 어떠했든 간에, 보호소에 오기 전까지 길 위의 삶이 녹록했을까? 절대 그럴 리 없다. 살아 있는 것이 천만다행이라고 할 만한 순간을 여러 번 거쳤을 것이다. 자동차를 잘 피해 목숨을 부지했다고 하더라도 눈에 띄면 이유 없이 때리는 사람, 거꾸로 매달아 잡아먹겠다는 벌건 눈도 만났을 것이다. 늘 먹을 것을 찾아 헤매지만 굶는 날이 더 많았을 것이다.

이 중 어떤 경우를 대입해봐도 아무 상처 없이 보호소까지 넘어오는 개는 없으리라는 걸 알 수 있다. 몸의 상처만이 아니라 마음의 상처도 말이다. 그나마 나은 축에 드는 경우라면, 주인이 실수로 놓쳤다가 보호소에 있는 것을 울며불며 찾아가는 정도라 하겠다.

대부분 유기견에게는 잔혹했던 시간의 기억이 남아 있다.

그러니 과연 그 마음이 온전하랴.

어떻게든 붙어 있고 싶어 잘 보이려고 꼬리를 흔들지만 트라우마와 두려움, 기대와 희망이 섞인 그 몸짓 뒤에는 새로 만난 주인에 대한 의심이 가득 차 있다.

너도 날 버릴 거야?

너도 날 아프게 할 거야?

내가 정말 네 곁에 머물 수 있는 거야?

그들은 묻고 묻고 또 묻는다.

유기견을 선택한 이들은 오래오래 그 물음에 답해주어야 한다. 한 달이 될지도 모르고, 1년이 될지도 모르고, 2년이 또는 3년이 될지도 모른다.

절대 버려지기 싫어서, 어떻게든 붙어 있고 싶어서, 방어기제를 발휘해 새로운 주인의 말을 잘 듣는 개도 있을 것이다. 혹시 또 버려질 것을 대비해 절대 곁을 내주기 싫다고 버티는 개도 있을 것이다. 이도 저도 아니지만 혹시라도 주인의 마음이 변해 저를 해코지하지나 않을까 눈치만 살피는 개들도 있을 것이다. 그리고 저를 버리고 도망갔다 돌아온 부모를 만난 양 이상 행동을 보임으로써 '이래도 나를 사랑해줄 거야?' 하고 끊임없이 시험해보는 처절한 개들도 있을 것이다.

그래서다. 만약 당신이 유기견을 집에 데리고 왔다면, 그를 차별해야 한다고 말하는 이유가.

무조건 그가 당신에게 달려와 헥헥거리며 웃을 것이라는 소망은 되도록 장기 플랜으로 간직하길 바란다. 이것이야말로 당신의 게으름이 마구 빛나야 하는 지점이다. 느긋하게 기다려라. 지금 당장, 수많은 액션을, 부지런히 취해야겠다는 소망을 불태우지 마라. 다만 그 소망이 이루어진다면, 그날만큼 행복한 날은 또 없을 것이다.

"우리 개가 드디어 날 보고 웃었다니까!"

물론 이렇게 기쁘다고 말을 해보아도, 동조할 사람은 당신과 같은 반려견 주인 또는 유기견 보호 동호회 회원 말고는 없다는 것을 꼭 명심하고!

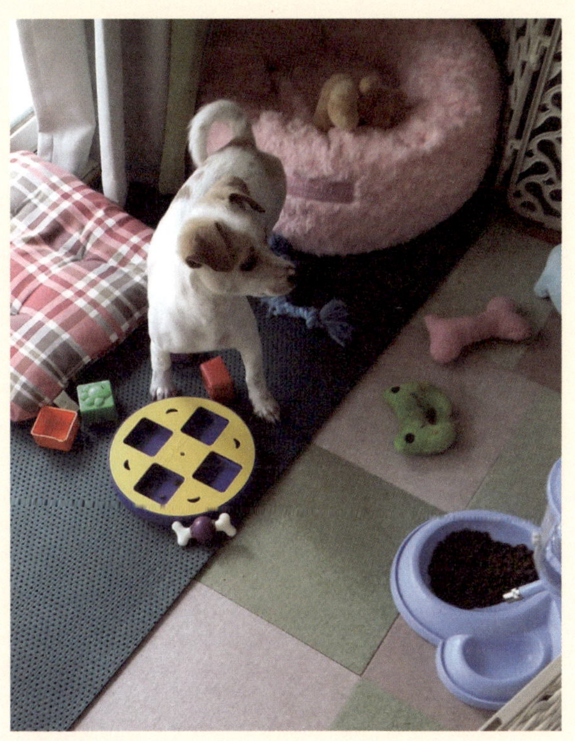

뽕실이 애기애기 시절 모습

뽕실이는 일단 표면적으로는 몹시 순했다. 그러나 앞서 말한 사연이 조금씩 복합되어 거대한 덩어리로 변해 있었다. 처음에는 손만 내밀어도 저를 때리는 줄 알았는지 거실 끝까지 도망을 갔다. 혹시 다시 버려질지도 모른다는 걱정이 들었는지, 아니면 자기가 상상하는 최악의 사태를 대비하는 자신만의 방어법이었는지도 모르겠다. 또 항상 추운 데서 잤으니 여기서도 당연히 추운 데서 자야 한다고 생각했는지 알 길이 없으나, 자꾸만 저 혼자 슬금슬금 눈치를 보면서 추운 베란다에 나가 자려고 들었다.

심지어 나중에 친해지고 나서는 가끔 거실 바닥에 토해놓곤 했다. 그래놓고 내가 치우는 것을 가만히 지켜봤다. 내가 제게 화를 내는지, 혹시나 저를 구박하지는 않는지 주인인 나를 시험해 보는 것이었다. 나만 아니라 동생이나 부모님도 그런 경우를 접할 때마다 토하느라 얼마나 힘들었겠냐고 배를 살살 쓰다듬어주곤 했다. 이런 일을 몇 번 반복하고 나서야 그는 날 보고 헥헥 하고 웃었다.

개들은 원래 웃는 것이 아니라 주인이 행복할 때 짓는 표정을 보고 '웃는' 표정을 따라 한다. 뽕실이는 이제야 나의 웃는 얼굴을 따라 하기 시작했다. 입양하고 나서 약 1년의 시간이 흘러간

무렵이었다. 그리고 이제 그는 헤프게 웃는 개가 됐다. 그는 오늘도 여전히 웃고 있다. 웃으면 사람들이 좋아한다고 그 조그만 머리통으로 결론을 냈는지 매일매일 웃고 또 웃는다.

그 1년은 조금씩 조금씩, 기고 기고 기어간 시간이었다. 뽕실이가 처음 웃던 날, 우리 집 강아지가 웃었다고 좋아하는 내게 돌아온 반응을 종합해보면 딱 3가지로 나눌 수 있었다.

"진짜? 축하한다. 좋겠다. 그러고 보니까 우리 개가 말이야. 우리 개가 어쩌고저쩌고…. 어제는 우리 개가 어쩌고저쩌고… 하는 거 있지. 뭐? 너네 뽕실이가 웃었다고? 그래그래, 우리 개가 한번은 어쩌고저쩌고…. 정말 기특하지 않냐?"

눈치 챘겠지만 유기견 키우는 친구다. 얘는 길에서 오들오들 떨고 있던 강아지를 바로 데려왔다. 공고를 해놓고는 혹시라도 주인이 나타날까 봐 부들부들 떨었고, 개를 끌어안고 저 혼자 울고불고했다. 심지어 미리 이별식까지 했다. 그러다 결국 어디서도 연락이 없자 다행히 주인이 안 나타난다고 좋아했다.

우리 뽕실이처럼 무엇이 섞였는지 짐작조차 가지 않는 믹스다. 목에는 택배를 부칠 때나 쓰는 붉은 끈이 목줄인 양 매달려 있는 것을 보고 모두 주인이 안 나타날 것 같다고 이구동성으로 말할 때, 저 혼자 주인이 나타나면 어떡하느냐고 사태가 잠잠해지면 산책을 나가겠다는 둥 바보 같은 소리를 했다. 어딘가에 항상 머리를 처박고 숨기던, 갈비뼈를 셀 수 있었던 그 개는 지금 피둥피둥 느물느물 굴러다닌다. 고개를 빳빳하게 들고 이 어르신을 보고도 고개를 까딱거리며 "왓썹?" 하는 게 제 주인을 똑 닮았다.

"개들은 원래 웃지 않나? 엄마한테 물어볼까?"

사주기만 하신다면 무조건 똥오줌 다 치우고 산책도 열심히 시키겠다고 부모에게 각서까지 쓰고 강아지를 분양해 온 친구다. 하지만 10년이 다 되어가는 지금까지 저 말고 제 엄마가 키우고 있다. 응가를 치우는 것도 엄마, 목욕을 시켜주는 것도 엄마, 동물병원에 데려가는 것도 엄마, 산책을 나가는 것도 엄마 아니면 아빠다.

저는 간식을 준다. 조금 있다가 더 많이 준다. 그리고 끌어안고 예뻐하다 지치면 데리고 논다. 딱 그거 3가지만 한다. 그래도 얘네 집 강아지는 좋아 죽겠다고 10년이 넘어가는 시간 동안 얘 옆에만 딱 붙어서 잔다. 옛날에 내가 우리 로디에게 저질렀던 짓을 얘가 똑같이 하고 있다.

그리고 좋아하는 여자가 생기면 무조건 자기 개를 보여주겠다고 나선다. 마치 자기가 모든 것을 책임지고 돌보는 양 자상한 남자 코스프레를 오늘도 어디에선가 하고 있을 것이다. 엄마에게 흘려들은 동물병원 다니는 이야기, 자기 강아지가 깁스했던 이야기를 모두 자기가 직접 겪은 양 출처를 뭉뚱그려서 들려준다. 난 이 레퍼토리를 다시 내게 요약 정리해주며 참 다정한 사람인 것 같다고 말하는 그의 지나간 여자 친구를 둘이나 보았다. 그리고 이 레퍼토리는 그의 강아지가 늙어갈수록 점점 늘어나고 있다. 늘어나는 그 애의 전 여친 숫자만큼.

"그럴 리가 없는데…, 강아지가 웃는다고 느끼는 건 말이지, 인간이 만들어내는 착각이 아닐까? 어떻게 강아지가 웃음의 의미를 우리와 같은 맥락으로 이해하고 있다고 단정 지을 수 있는 거지? 그건 그저 애착 있는 상대의 표정을 흉내 내고 싶어 하는 의지의 산물에 불과해. 자, 개와 인간의 두뇌 활동 메커니즘이 어떻게 차이가 나는지 먼저 생각을 해보자. 과학적으로 말해서…."

애한테는 뭐하러 뽕실이 얘기를 했을까? 애는 개를 키워본 적이 없다. 다만 척삭동물문 포유강 식육목 갯과에 속한 것이 개라는 것을 알고 있을 뿐이다.

초면엔
그냥 늘어져 있어라

뽕실이는 자동차 뒷좌석 엄마의 무릎에 내내 안겨 오면서 잠을 청하지도 몸을 움직이지도 않았다. 가만히 눈만 껌벅거리고 있었다. 집에 도착하자마자 배변을 하고 싶어 할지 몰라 거실 바닥에 내려놓았다. 한 시간 반을 움직이지도 않고 안겨 온 덕에 성한 다리도 잘 펴지지 않을 것 같은데 네 발을 질질 끌고 구석으로 가 숨는다. 아예 숨는 것도 아니고, 잔뜩 웅크린 채 눈만 내놓았다. 눈을 마주치면 피하면서도 눈만은 내어놓고 있었다.

그러다 결국 참지 못할 지경이 됐던지 두리번두리번하다 안방으로 슬금슬금 기어간다. 눈치를 봐가며 한복판에 쭈그리고 쉬를 한참 동안 했다.

일단 집 안, 베란다 곳곳에 배변 패드를 깔아놓긴 했으나 당연히 못 가리리라는 걸 알았다. 지금은 예방접종 기간이라 밖으로 데리고 나갈 수도 없었다. 그러니까 산책길에 똥 봉지로 바로 잡아챌 배변 찬스를 노릴 수도 없었다는 얘기다.

나는 뽕실이를 데려오기 전 개에 대한 책 4권을 읽었다. 개가 나오는 프로그램도 열심히 봤다. 그렇게 탄생한 나의 계획은 이러했다.

1 한 이틀 뽕실이가 우리와 집 안을 관찰할 기회를 준다. 즉, **내버려 둔다.** 내가 할 일은 없다.

2 **눈이 마주치면 하품을 한다.** 눈을 깜박(까암박) 해준다. 즉, 내 눈만 일하는 거다. 하품을 하는 건 '괜찮아, 안심해, 여긴 괜찮아. 내 기분도 괜찮아. 괜찮아, 다 괜찮아. 무조건 다 괜찮아' 라는 의미이기 때문이다.

3 **말을 많이 걸지 않는다.** 여기서도 내가 할 일은 없다.

4 **그의 정면에서 다가가지 않는다.** 다가가야 할 때는 측면에서 천천히 다가간다.

5 **그의 옆을 일부러 지나간다.** 행동은 천천히 조용히 한다.

6 **목욕과 배변 훈련은 이틀 정도 후에 시작한다.** 목욕은 엄마가 시키고, 나는 드라이어를 들고 대기한다(은퇴한 엄마가 심심할지도 모른다 싶어서 내가 정해드린 역할이다. 역할 분담이 어떻게 되는지를 설명할 때 엄마는 '그럼 그렇지' 하며 한심하다는 표정을 시전하셨다).

고로 그와 함께 우리 집에서 첫날, 둘째 날을 보내는 동안 나는 별로 할 일이 없었다. 일을 마치고 나면 원래 그랬던 것처럼 빈둥거렸다. 그저 뽕실이를 바라보았고, 그가 숨죽이며 응가를 하고 떠난 자리를 추적해 잠시 후 가만히 가서 치웠다.

앞으로 15년간 꾸준히 지속되길 염원하는 게으름, 그리고 우리가 함께 나눌 우정과 사랑의 해피라이프를 생각하니 이틀 동안 씻기지 못한 뽕실이가 전혀 지저분하다고 느껴지지 않았다. 오직 그가 이 공간을 편안하다고 느껴주기만을 바랐다. 그랬기에 그의 배변을 치우는 나의 마음도 아주 편안했다.

대신 한 번 배변을 한 자리는 무색무취의 소독용제로 여러 번 닦아 냄새를 완전히 제거했다. 이때 향이 독한 것은 금물이다. 대체로 화학적 향이 강한 애견용 탈취 소독용제는 그저 냄새를 덮을 뿐이므로, 개들은 덮인 냄새를 귀신처럼 찾아내 돌아온다. 냄새가 남아 뽕실이가 그곳을 고질적인 배변 장소로 쓰게 되면 나는 계속 치워야 할 테고 내가 정한 배변 장소로 유도하기가 무척 힘이 들 것이었다. 나는 일이 꼬일 수도 있다는 두려움에 눈을 형광등처럼 밝히고 암모니아가 남아 있는 곳이 없는지 반경 50센티미터를 박박 닦았다.

다시 원래 이야기로 돌아가 보자면, 우리의 뽕실이는 안방에서 쉬야를 하고 소리도 없이 나왔다. 그리고 잠시 멈추었다가 가만가만 눈치를 보면서 원래 있던 곳으로 돌아가 웅크리고 누웠다. 나는 쳐다보지 않았다. 그냥 거실에 앉아 눈에 들어오지도 않는 텔레비전을 열심히 시청하는 척했다. 그렇게 한 5분이 흐른 뒤에야 나는 하품을 하는 연기를 하면서 안방으로 들어가 얌전하게 쉬를 치웠다. 어쩌다 뽕실이와 눈이 마주칠 때면 온 힘을 담아 하품을 했다. 그때까지 누구도 뽕실이를 오래 바라보지 않았고 부르지도 않았다. 뽕실이가 주변을 둘러보고 우리를 관찰할 시간을 주어야 했다.

우리는 뽕실이가 처음 들어왔을 때 밥그릇, 물그릇에 사료와 물을 가득 부어 정해진 장소에 두었다(구석진 곳이 좋다. 개들은 먹을 때, 응가할 때, 사방이 트인 곳은 매우 불안해하고 경계하는 습성이 있다).

그리고 웅크려 있는 뽕실이를 향해 사료를 한 알씩 살살 던져 줬다. 그것을 가만히 쳐다만 보더니 두어 시간 후에야 뽕실이는 슬금슬금 물그릇, 밥그릇이 있는 곳으로 다가갔다. 눈치를 힐끔힐끔 봤다. 물은 후딱 마시고, 밥은 한 알 먹고 우리를 쳐다보고 또 한 알 먹고 우리를 쳐다봤다. 그는 조금 안심을 했다. 아무도 그에게 관심을 가지고 바라보지 않았다. 그는 배가 고프고 목이 말랐을 것이다. 그래도 두려움에 참고만 있었다. 그렇게 먹다가

궁금함을 참지 못해 빼꼼히 바라보던 우리 중 누군가와 눈이 마주쳤고, 뽕실이는 화들짝 놀라 원래 있던 자리로 돌아갔다. 우리는 왜 눈을 마주친 거냐고 해당 구성원을 향해 모두 한마디씩 해줬다.

앞서 말한 것처럼 엄마와 나는 이미 이틀 동안 뽕실이를 씻기지 않기로 얘기를 나눈 후였다. 엄마가 집으로 향하는 차 안에서 잠깐 살펴본 바에 따르면, 뽕실이는 태어나서 한 번도 목욕이라는 걸 당해본 적이 없는 것이 분명했다. 닦는 것이 아니라 한 꺼풀 벗겨내야 할 판이었다. 지금 목욕을 시키면 애는 '아이코, 잘못 왔나 보다' 하고 밤새 벌벌 떨 것이 분명했다.

수의사는 뽕실이의 뒷다리 중 하나가 쭉 뻗친 기형으로 마비된 채 굳은 이유가 나면서부터일 수도 있고, 학대를 당해서 그럴 수도 있다고 했다(나중에 여러 병원을 거치고 보조기를 착용하느라 진찰을 받은 결과, 거의 학대로 기울었다). 우리는 학대 쪽으로 가닥을 잡았는데, 그 이유인즉 아빠나 남동생이 근처에만 가도 뽕실이가 숨도 못 쉬고 부들부들 떨었기 때문이다. 쓰다듬어주려고 손을 머리 위로 들이대기만 해도 얼마나 떨었는지 모른다. 눈을 멍하니 뜬 채로 앞만 바라보면서 벌벌 떨었다. 어떻게든 몸을 움츠려 눈에 띄지 않으려고 애를 쓰는 것 같았다(사실 지금도 낯선 남자와 맞닥뜨릴 때는 겁을 먹는데, 과거만큼 아주 심하게 떨지는 않는다).

다행히도 훗날 뽕실이는 아빠와 동생, 그들이야말로 마르지 않는 바보들의 샘이라는 것을 알게 됐다. 뽕실이는 급기야 이렇게 생각하게 됐다.

'옆에 가서 눈만 껌벅껌벅하면서 불쌍한 표정을 조금 지어주면 돼. 뭐 축구인지 야구인지 중계방송이라는 걸 본다고 자기들끼리 왁자지껄할 때는 조금 시끄럽지만, 계속 누워 있으면 그만이야. 얼마 지나지 않아 그들은 '뽕실아, 네가 여기 와 있는 줄 몰랐어' 라면서 쿵쾅거리며 간식을 가져다 바칠 것이다. 그들은 엄마와 누나가 반으로 잘라주는 간식도 통째로 던져주고, 잘 먹는다고 하하하 또 던져주거든. 어쩜 내 맘 같게도, 원래 작은 걸 어떻게 반으로 잘라주라는 거냐고 불평을 해대기도 하고. 다리를 절고 있어서 체중이 지금보다 더 늘어나면 다리에 무리에 간다고 엄마나 누나가 잔소리를 할 때면 슬며시 어디론가 사라진단 말씀이야.'

🦴 슬금슬금 접근하다

뽕실이를 데려온 후로 거의 다섯 시간을 힐끔힐끔 눈치를 보아가며 방치 아닌 방치를 했다. 그동안 나는 내 방에 들어가 있기도 했고 거실에 나와 있기도 했다. 나중에는 앉아 있는 것이 지루해 소파 위에 엎어져 책을 읽고 있었다. 그러다 뽕실이를 힐끔 쳐다보니 꾸벅꾸벅 졸다가 깨다가 하는 것이 아닌가! 때가 된 것이다.

뽕실이에게 슬쩍 접근했다.

어떤 동물이든 혹시 친해질 생각이 있다면 절대 정면에서 자신감 있게 확 등장하는 것은 금물이다. 저보다 훨씬 큰 존재가 정면에서 기세등등하게 들이대는 것을 흐뭇해할 동물은 절대 없다. 우리보다 큰 곰도 뭔가가 그렇게 다가오는 것을 두려워한다. 왜냐하면 매일매일 적자생존의 법칙이 실현되는 자연에서는 한 방이 마지막 한 방이기 때문이다. 지금은 내가 풀을 뜯고 있지만 5초 후에는 어떻게 될지 아무도 모른다. 이번 실패에서 교훈을 얻어 다음번을 기약하겠다며 눈물로 일기를 채울 수도 없고, 응급실에서 의사를 붙들고 쟤 말고 나 먼저 살려달라고 애원할 수도 없다. 심한 부상을 당하거나 장애를 입게 되면 동료들은 그를 버리고 떠날 것이다. 사방에서 언제 나보다 센 놈이 나타나 내 목덜미를 콱 물어버릴지 모르는데, 그 긴장감을 과연 말로 설명할 수 있을까?

방석 위의 뽕실이

나는 천천히 뽕실이의 옆구리 쪽으로 바닷가의 게처럼 기어갔다. 이미 긴장한 것이 보인다. 그래도 감히 움직일 생각을 못 하고 더 웅크릴 뿐이다. 나는 엎드린 채로 하품을 하고 또 했다. 우리의 하품은 '괜찮다'의 의미였지만, 개들은 정말 스트레스를 받을 때도 하품을 한다. 하지만 대부분은 편안하다고, 괜찮다고, 그리고 졸린다고 하품을 한다. 아까 차에서부터 하품을 한지라 턱이 아팠다. 하품을 연신 하면서 무서워 도망도 가지 못하는 뽕실이 옆구리 쪽으로 살살 손을 집어넣어 들어 올렸다.

드디어 소파에 누이게 된 것이다! 집에 온 지 다섯 시간 만에!!

손을 뽕실이 얼굴 근처에 내려놓았더니 잠시 후에 쿵쿵거리고 냄새를 맡는다. 나는 여전히 입이 찢어지라 열심히 하품을 했다.

그리고 그날 밤, 그는 거실 한쪽 종일 웅크리고 있던 자리에서 잠이 들었다. 내 방에 두었던 방석을 가져다 깔아줬지만 더웠는지 낯설었는지 사양하는 것을 보고 잠이 들었는데, 아침에 일어나보니 그 방석 위에서 말똥말똥 나를 바라보았다. 물론 금방 눈을 돌리긴 했지만.

그렇다. 다음 날까지 내가 한 것이라고는 쳐다보고 하품하고 아무 말도 하지 않은 것뿐이었다. 그리고 그 덕에 다음 날의 뽕실이는 어제보다 훨씬 편안해졌다.

개는 무조건 사랑한다,
당신을

개는 늑대와 공통의 조상으로부터 나왔을 것이라고 나는 믿었다. 형제든 아니든, 어쨌든 분명한 것은 개가 늑대의 습성을 많이 닮았다는 것이다. 늑대의 우두머리는 말이 많지 않다. 낮은 톤으로 그들의 언어를 말한다. 그는 묵묵히 신뢰를 주는 지도자다. "나를 따르라!" 소리를 지르며 앞에서 이끄는 것이 아니라 맨 후미에서 전체를 바라보면서 무리를 통솔한다.

늑대 대장은 일단 사려가 깊다. 결코 호들갑을 떨며 폴짝폴짝 뛰지 않는다. 그가 큰 소리를 내며 호들갑을 떠는 것은 무리를 보호하기 위해 적을 위협할 때뿐이다. 그는 무리를 안전한 곳에 숨겨놓고 먹잇감을 찾으러 나간다. 다행히 먹이를 마련했을 때는 큰 소리로 울어 무리에게 이 기쁜 소식을 알려주는 것을 긍지로 여긴다. 비수기가 되어 몇 날 며칠 먹잇감을 찾지 못할 때도 먹이를 찾았을 때와 비슷한 소리를 내어 무리에게 희망을 주고 구성원들이 다시 한번 단합할 기회를 마련한다.

그는 결코 자신의 무리를 굶기지 않으며, 안전을 보장하며, 낮은 목소리로 말하고, 늘 그들 곁에 있다. 개들이 좋아하는 사람이 바로 이 늑대 대장 코스프레를 하는 사람이다.

우리 인간의 능력이 얼마나 다양한지는 나뿐 아니라 당신의 개도 매우 잘 알고 있다. 큰 소리로 화를 내는 것, 엄청난 하이톤으로 개를 얼러주는 것, 무척 힘이 센 당신이 개를 소파 위로 던지는 것, 아주 빠르게 얼굴을 들이대고 들어 올리는 것. 그래, 당신이 그 모든 능력을 갖추고 있다는 걸 다 안다.

하지만 그걸 굳이 확인시켜줄 필요는 없다. 당신이 자꾸 확인시켜줄수록 당신의 개는 당신이 매우, 엄청, 참을 수 없이 짜증나는 존재라는 사실을 깨닫게 될 것이다. 당신의 언어를 이해하지 못해 혼란스럽지만, 밥을 주니 일단 참을 뿐이다.

나도 언젠가 누군가에게 평생 넘버 ‘원’이 되기를 바란 적이 있었다. 그리고 그와 나는 서로 넘버원의 자리에 등극했다가 ‘아! 그랬었지’라며, 영원한 추억으로 서로의 기억 속에만 남았다. 현재의 그를 추억으로 남길 것인지 또는 평생의 웬수로 삼을 것인지 여전히 고민을 한다. 나는 너의 진정한 넘버원이 되어줄 수 있

—

불편할 텐데도 케이지에 들어가지 않고
소파에 엎드려 책상에 앉아 있는 나를 바라보고 있다.

을까? 너는 나의 진정한 넘버원이 맞을까? 눈을 가늘게 치켜뜨고서 그의 이마빡을 올려다보는 것이다. 그리고 어떻게든 내가 널 사랑하는 것보다 네가 나를 더 많이 사랑하기를, 오래오래 사랑해주기를 바라마지 않는 것이다.

개들은 무조건 사랑한다.

설사 굶기고, 때리고, 죽이겠다고 매다는데도 여전히 주인이라고 꼬리를 치는 마르지 않는 충성과 사랑. 그것은 오로지 우리를 향한 것이다. 세상이 어떻게 돌아가든, 내가 그를 버려도, 설사 내가 그를 때려도, 내가 가난해지더라도 우리 집 개는 나를 사랑할 것이다. 세상에 그런 사랑은 없다. 나는, 그리고 당신은 강아지에게만큼은 넘버원이 될 수 있다. 사료를 쏟아주고, 물을 부어주고, 간식을 던져주고, 가끔 장난감을 사주고, 조용히 눈을 맞추며 웃어주는 것만으로도 그는 우리를 영원히 무조건 사랑해줄 것이다.

나는 생각한다. 어떻게 하면 그 애정에 걸맞은 멋쟁이가 될 수 있을까 하고. 비록 내 할머니와 어머니의 희생에 걸맞은 멋진 사람과는 점점 거리가 멀어지고 있을지라도, 할머니보다 훨씬 작은 너를 위해서라면 어디 한번 끝내주는 인간이 되어볼 수 있지 않을까 하고.

이뽕실의 어부바 유람기

신이 나서 헤벌쭉 웃는 뽕실이

대소변
가리기는
기본 중의 기본

| 배변 최소소 훈련법 |

3장

배변 훈련
눈 감고 후딱 해치우기

언제까지 강아지 똥꼬만 따라다닐 텐가?

다음과 같은 시나리오를 따르면 아주 이상적으로 배변 훈련이 마무리될 것이다.

이리로 오렴, 이뽕실. 너의 배변 장소를 정해주겠다.

1 개가 원하는 장소 **두 군데에 배변 패드를 깐다.** 그리고 **그 위에 강아지 소변을 살짝 묻힌 휴지를 여러 장 가져다 놓는다.**

2 **두 군데 배변 패드에 냄새가 나는 간식 알갱이나 부스러기를 뿌려놓는다.** 처음에는 쉴 새 없이 가져다 놓는다.

3 강아지가 슬금슬금 배변 패드로 가서 작은 **간식을 주워 먹고 있을 때, 패드 위에다가 간식을 또 준다.**

4 **3의 행동을 자주 한다.** 뿌려놓고, 가서 먹거든 더 주고, 뿌려놓고, 가서 먹거든 더 준다.

5 배변 패드를 자주 기웃거리다 보면 개가 **언젠가는 그 위에서 실수를 할 것이다.** 그때는 **간식을 평소보다 많이 준다.** 오늘만 사는 인간처럼 정신없이 퍼준다. 그러면서 우리 개가 세계를 구하기라도 한 것처럼 폭풍 칭찬을 한다.

6 그러고 나면 이후부터는 강아지가 소변이나 대변을 본 패드 위로 당신을 유인할 수도 있다. "우리, 정산할 게 있잖아. 그치?"

7 시간이 지나면 두 군데 배변 패드 중에서 한 군데를 없애 **하나로 통폐합한다.**

배변 패드와 친해지게 하자

배변 패드를 쓰는 이유는 타일이나 장판에 소변이 닿으면 냄새가 남기 때문이다. 소독약까지 써서 아무리 닦아도 소용이 없다. 그게 쌓이다 보면 비릿한 냄새가 온 집 안에 은은하게 밴다. 그걸 없애보겠다고 탈취제를 뿌려대도 소용없다. 악취만이 아니라 탈취제까지 한몫해서 정말 뭐라고 말할 수 없는 냄새가 그 집의 정체성이 되고 만다. 향긋한 냄새긴 한데 뭔가 무겁고 개운치 않으며, 등산 갔다 벗어둔 양말이 감춰져 있는 듯한데 정확히 어디인지는 모르겠는 그런 느낌을 준다. 내가 잘 안다. 나 말고도 이게 뭔 말인지 아는 사람 많을 것이다.

배변 패드는 최대한 싼 것을 사서 여러 개를 겹쳐놓는다. 한 번에 넉 장씩 넓게 깔아놓으려면 진짜 부지런해야 한다. 그런데 밖에서 일하든 집에서 일하든 사룻값 대느라 바쁜 내가 언제 그걸 한 장씩 깔고 있냐고!

서너 장을 겹쳐 깔아준다. 그럼 바쁠 때 그냥 많이 묻은 부분만 한 장씩 걷어서 버리면 된다. 더러워진 걸 버리고 그 자리에 새 걸 또 깔고, 그 부지런한 생활을 도대체 하루에 몇 번을 할 수 있겠느냐 말이다. 또 한 장에서도 일부만 묻은 건 더러워진 부분을 다른 패드 밑에 깔면 된다. 그렇게 한 장을 빈틈없이 사용한 후 종량제 봉투에 꾹꾹 눌러 담는다. 그러면 배변 패드가 아무리 얇아도 바닥에 묻지 않아 일일이 소독약 티슈를 가지고 뒤처리를 하지 않아도 된다.

또 넉 장이나 깔아놓으면 설사 내가 장시간 집을 비워도 강아지가 그 패드를 넘어 맨바닥에 실수할 확률이 줄어든다. 피곤한 하루를 보내고 집에 돌아와 말라붙어 있는 배변의 흔적을 박박 긁어내고, 소독약 붓고, 문들을 활짝활짝 열어 환기하고, 다시 닫고 잠들어야 한다면 생각만으로도 슬프다. 그러는 동안 눈치 보고 있어야 하는 강아지도 슬프다.

개들은 배변한 곳에 겹쳐 배변하지 않는다. 이왕이면 멀리 떨어진 곳에 배변한다. 그래서 배변 장소가 넓어야 한다. 출근부터 퇴근까지 족히 열 시간은 넘게 나가 있는 당신이 아무리 대형이라고는 하나 배변 패드 하나 깔아주고 나가는 건, 글쎄 우리 엄마가 어느 날 온종일 집에 있어야 하는 나에게 휴지 세 칸 주고 화장실 용무를 해결하라는 것과 같지 않을까.

이렇게 패드 훈련을 시키면 좋은 점이 또 있다. 어딜 가든 패드만 깔아주면 제가 알아서 그 위에 배변을 하니 민폐를 끼치지 않는다는 거다. 패드를 종량제 봉투에 담을 때마다 그 위에 소독 용제를 조금 뿌려줬더니 여름에도 냄새가 심하지 않았다.

그래도 하루에 한 번씩은 꼬박꼬박 산책을 나가 똥 봉지에 배변을 할 수 있도록 했다. 뽕실이가 산책 중에 배변을 하든, 집에서 하든 그건 중요한 게 아니다. 나는 내가 화장실을 고민하며 돌아다니지 않는 것처럼, 그도 그렇게 편안하게 쉬를 하고 응가를 하길 바랐다.

그리고 이러한 과정을 거쳐 지금 뽕실이는 한 군데 화장실을 쓴다. 억지로 유도한 게 아니라 스스로 한쪽을 더 많이 사용하기 시작했다. 그런 기색이 보이자 나는 얼른 다른 쪽 화장실을 없앴다. 이제 뽕실이는 집 안에서는 배변 패드 없이 배변하지 않는다.

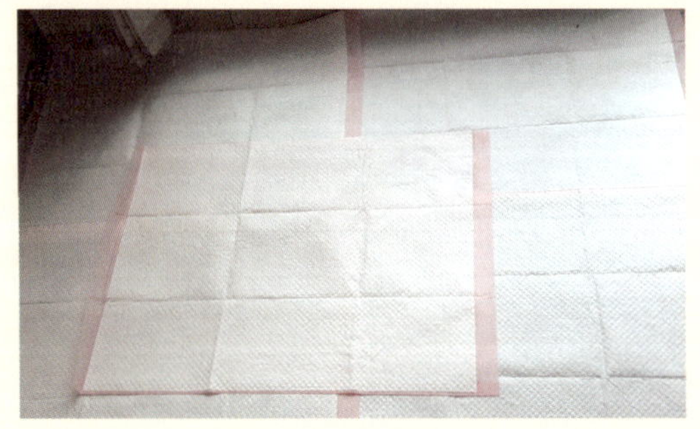

뽕실이는 주로 가운데에 볼일을 많이 보는 편이었다.
그래서 게으른 내가 꾀를 낸 것이 가운데에 한 장을 깔아놓으면
주로 가운데 위주로 갈아주면 되겠지! 하하! 하는 것이었다.

배변 패드를 바라보는 뽕실

엉뚱한 데다 하는 배변,
멋지게 대응하는 법

혼내지 마라

일단, 배변 실수한 것을 가지고 절대로 혼을 내선 안 된다. 그 냥 묵묵히 치운다. 자신이 절에서 수행하는 완전 멋지고 고매한 스님이라고 상상한다. 대신 치울 때나 치우고 돌아설 때는 절대 개와 눈을 마주치지 않는다. 개는 당신의 반응을 볼 것이다. 괜찮 다는 표시를 하면 계속 노상방뇨를 하며 헤헤 웃을 것이고, 큰 소 리로 화를 낸다면 개가 눈치를 보게 돼 훈련이 더뎌질 것이다.

그저 묵묵히 치운 다음, 한 30분 정도 무시하면 된다. 무시한 다는 것은 쳐다보지 않는다는 뜻이다. 그리고 아무리 귀여운 짓 을 해도 전혀 반응하지 않는 것이다. 그 30분여 동안 당신의 개 는 왜 당신이 자신을 무시하는지를 생각해볼 것이고, 배변을 실수한 직후에 취한 주인의 행동이 '무시'라는 것을 알게 될 것이다. 그러면 게임 끝이다. 이런 경험이 몇 번 반복되다 보면 더는 실수하지 않게 될 것이다.

그리고 이렇게 무시한 뒤에는 "아이고, 누나가 무시해서 슬펐쩌요?" 등의 과도한 친절은 금물이다. 그냥 우리가 형제자매와 다투고 난 후 서로 무시하다가 자기도 모르게 저녁 식탁에서 "야, 저기 간장 좀 줘봐"라고 무심결에 말하는 바람에 냉전이 끝나는 것처럼, 그렇게 하면 된다. 다시 말해 강아지에게도 자연스럽게 눈을 돌려 바라본다든가, 그냥 공을 굴려준다든가 하는 행동을 해주면 된다.

🦴 30분 무시 후 일상으로

배변 훈련이 완성되고도 일부러 실수를 하는 강아지들이 있다. 한때 뽕실이가 그랬다.

뽕실이는 내 조카를 처음 만난 그 순간부터, 저보다 세 살이나 더 먹은 조카를 감히 저와 대등하게 생각해왔다. 조카가 앉으라고 하면 앉도록 훈련을 시켜도, 조카가 간식을 주도록 훈련을 시켜봐도 그때뿐이었다. 조카가 조금 더 커야 할 것 같았다. 엄마가 조카를 업어주면 내려놓을 때까지 조카의 얼굴을 올려다보면서 엄마 발치를 졸졸 따라다녔다. 그리고 엄마가 자리에 앉자마자 그 무릎을 점거하고 제 얼굴을 가져다 엄마에게 기대고 앉았다. 평소에는 그러지도 않는데 딱 그럴 때만 그랬다.

그런데 불행한 것은 어린 조카 역시 그들의 관계를 대등하게 생각한다는 것이었다. 그들은 라이벌이자 친구였다. 조카는 제 집에서는 텔레비전 만화를 전혀 볼 수 없었다. 할머니 집에 놀러 와서야 한 시간가량 볼 수 있었는데, 한 시간이 지나 텔레비전을 끌 때면 눈물 없이는 볼 수 없는 짠한 표정으로 소파 끝까지 몸을 당겨 앉으면서 "뽕딜아!" 하고 뽕실이를 불렀다. 그러고는 뽕딜이도 만화를 보고 싶어 한다며 눈물 그렁그렁한 연합전선을 펴려고 들었다. 그렇게 둘은 소파 위에 나란히 앉아서 우리를 바라보곤 했다. 다만 그 연합전선은 그리 오래가지 않았다.

조카에게 낮은 잔에 우유를 따라 줬을 때, 뽕실이는 그것이 제 우유라고 생각한 모양이었다. 하지만 불행한 사실은 그는 이미 얼마 전에 우유를 할짝할짝했고, 종이컵 찾기 놀이로 간식도 먹은 터라 내가 뽕실이에게는 더는 우유를 주지 않기로 마음먹었다는 것이다. 그리고 나는 자꾸 조카를 무시하려고 하는 뽕실이의 행동을 자연스럽게 고쳐주고도 싶었다. 이걸 고치려면 무조건 조카가 먼저 먹고 나서 뽕실이에게 뭔가를 줘야 했다. 물론 지금 뽕실이는 뭘 먹을 이유가 없었다.

그런데 그것이 제 딴에는 서운한 모양이었다. 우유를 재한테는 주고 자기한테는 안 주는 게 서러웠는지 'No'라고 손바닥을 보이는 나를 한참이나 믿을 수 없다는 표정으로 바라봤다. 그러더니만 방으로 쏙 들어가 한복판에 쉬를 하고 나왔다(물론 한참 전의 이야기다. 여전히 질투는 해도 이제 삐딱선을 타지는 않는다).

이럴 때도 조용히 무시하면 된다.

나는 아무것도 못 봤다, 그냥 손만 움직이는 거다. 이런 마음으로 절대 소문 안 나게 치우고 한동안 뽕실이를 무시했다. 나를 빤히 보고 있다는 걸 알면서도 눈을 맞춰주지 않았다. 그리고 한 30분쯤 지나 그냥 평소처럼 행동했다. "반성했냐? 다시는 그러지 마!" 이런 말도 할 필요가 없다. 개는 인간의 말을 할 줄도, 들을 줄도 모른다. 얘네는 우리 집에 사는 동물형 귀여운 외계인이다. 앞서 말한 것처럼 주인이 자신을 쳐다보지 않는 그 30분 동안 그는 자신이 뭘 잘못했나를 생각해볼 것이고, 가장 마지막에 했던 노상방뇨가 잘못된 것이라는 점을 깨닫게 된다.

다시 강아지에게 눈을 맞춰주고 조용한 일상으로 돌아가는 순간, 그는 이제껏 무슨 일이 있었는지 다 잊을 것이다. 대신 이 사건을 잊을 리가 없는 우리가 이런 일이 발생할 때마다 똑같은 절차를 몇 번이고 반복하면 된다.

외면당하다 지친 뽕실이가 자고 있다.
그래도 제 잘못을 반성하는 마음으로 웅숭그리고 자는 거라고 나는 믿고 싶다.

그리고 가장 중요한 것은 절대 이 훈육을 이벤트로 만들어서
는 안 된다는 것이다. 다시 한번 강조하지만, 일상으로 돌아올 때
절대 호들갑을 떨면 안 된다. 갑자기 간식을 주어서도 안 된다.
평범하게 그냥 문득 바라보고 또 문득 말을 걸어주면 된다.

당신이 할 일은 배변을 치우고, 한동안 쳐다보지 않고, 다시
원래의 생활로 돌아오는 것. 그뿐이다.

잘 먹이고
잘 재우기

이뽕실은 뭘 먹고 사나요?

사료는 자율급식을 한다.

밥그릇과 물그릇을 항상 그득그득 찰랑찰랑 채워놓는다.

가끔 더 많이 있다는 것을 보여주기 위해 일부러 뽕실이 앞에서 사료를 리필하기도 한다. 그러면 뽕실이는 안심하고, 먹고 싶을 때 먹는다.

습식 사료

사료는 습식으로 점심때쯤 한 번 주고, 밖에 데리고 나갈 때도 약간 준다. 내가 선택한 사료는 사람이 먹어도 된다는 '휴먼 등급'으로 '유기농, 그레인 프리, 고기 함량 75퍼센트, 냉장육, 방

부제 무첨가, 부산물 없음' 등의 설명이 되어 있다(실제로 먹어보니 맛도 괜찮았다). 보관 방법을 확인하기 위해 사 와서 그냥 상온에 둬봤더니 하루 만에 상했다. 한 가지 팁이라면, 습식 사료는 상온에 뒀을 때 젤처럼 변한 기름 덩어리가 많지 않을수록 질이 좋은 것이다. 간혹 건식보다 습식이 더 살찌게 한다는 얘기를 듣는데, 그건 습식이어서가 아니라 많이 먹여서 그런 거다.

죽

뽕실이는 어릴 때 딱 한 번 감기에 걸린 적이 있다. 어릴 때라 하얀 쌀죽을 끓여서 가루약을 섞어줬다. 그때부터 뽕실이는 아침마다 죽 주는 줄 알고 새벽마다 대기하곤 했다(아직 뽕실이의 정체를 잘 모르던 때였는데, 그 전에 밖에서 키우던 개라 아마도 밥을 늘 넉넉하게 먹진 못했던 것 같다. 밥에 대한 애착이 상당히 컸다). 한동안 엄마가 죽을 끓여 냉장고에 넣어뒀다가 조금씩 덜어서 데우고 다시 식혀서 먹이곤 했다.

간식

작은 것도 반씩 나눈 다음 종이컵에 담아 숨겨서 여러 번에 걸쳐 줬다. 지금도 그냥은 안 주고 늘 숨겨서 주는데 점점 더 찾기 어렵게 숨긴다. 뽕실이에게 이 세상에 쉽게 먹을 수 있는 간

뽕실이가 좋아하는 죽

우유, 고구마, 닭 가슴살, 켈프 가루를 섞어서 준다.
켈프 가루는 소화에 좋다.

식이란 없다. 귀여움이나 애정, 위안, 사과, 동정을 담보로 주고
받는 것일 뿐. 주는 게 있으면 받는 게 있어야 나도 흥이 나지
않겠나.

뽕실이의 사진을 보면, 그는 간식을 먹을 때는 방석이든 뭐든
항상 뭔가를 깔고 먹었다는 걸 알 수 있다. 그렇게 훈련을 시킨
것이다. 게으른 내가 어떻게 먹은 자리를 따라다니며 치워줄 수
있겠는가? 또 잘 맞았던 것은 개들은 주로 자신이 익숙한 장소
로 간식을 가지고 가고 싶어 한다는 점이었다. 간식을 입에 물
고 있어도 'No' 라고 말하고 긴 수건을 깔아주는 버릇을 들이다
보니, 이제는 방석에 아무것도 안 깔려 있으면 나를 빤히 바라
본다.

비치타월이나 얇은 담요가 제일 좋다. 넓으니 어떤 부스러기
가 떨어져도 사정권 안이다. 그냥 복주머니 모양으로 들어서 화
장실로 가져가 털면 된다.

이 훈련의 폐해라면 내 침대에도 올라와 뼈를 뜯는다는 것이
다. 그런데 이상하게 이게 참 보기가 좋다. 내가 늘 그렇듯이, 침
대에 비스듬하게 늘어져 있는데 뽕실이가 이러고 있으면 삶의 보
람이 마구 솟아난다고나 할까? '아! 내일도 열심히 일해야겠구
나' 하는 생각이 샘솟는다. 내가 이걸 저 보는 앞에서 막 청소하

뿡실이는 시시때때로 내 침내 위에 올라와 설 쯤 보라고,
뼈다귀를 매우 잘 뜯지 않느냐고 자랑을 한다.

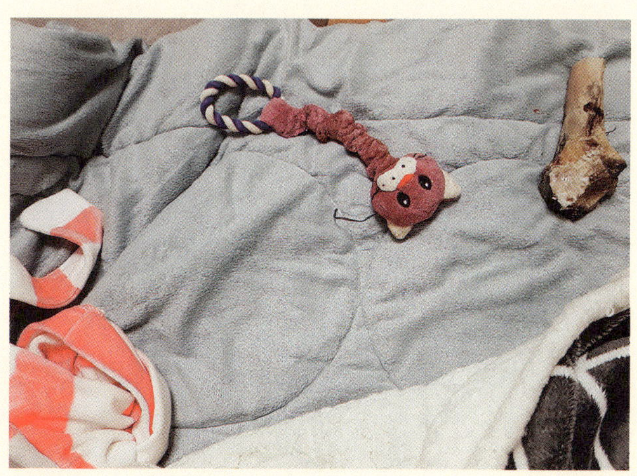

스프링 뿡뿡 내 침대는 아무래도 이뿡실의 침대일지도 모른다.
뿡실이의 물건들을 침해하지 않으려고 발을 조심스럽게 모으고 누워본다.

면 눈치 100단인 뽕실이가 내일부터 안 올라올까 봐 아침까지 기다려 아침 이부자리 정리할 때 같이 턴다.

그래도 안 먹는 건 있다. 개들은 고기맛, 단맛은 알아도 신맛, 짠맛은 거의 모른다.

> 1 **개가 먹으면 안 되는 음식도 꼭 알아두어야 한다.** 커피, 포도, 건포도, 호두, 양파, 마늘, 야생 버섯, 초콜릿 성분이 함유된 모든 것, 자일리톨, 알코올
>
> 2 **개에게 좋은 음식도 있으니 적절히 섭취하게 해주자.** 삶은 고구마(껍질 빼고), 삶은 브로콜리(줄기 말고 가끔 소량만), 삶은 셀러리, 당근(안 삶아도 됨), 오이(길게 잘라야 함), 사과(씨 부분 도려내고), 바나나(가끔), 멜론(조금), 딸기(조금), 오렌지(조금), 수박(씨 빼고)

이뽕실을 재우고 싶을 때

다른 거 없다.

집 안을 어둡게 하고 잔잔한 피아노 연주를 틀면 된다. 한 시간 동안 재우고 싶으면 한 시간만큼 무한 재생하면 된다.

소리가 너무 작으면 안 된다. 왜냐. 당신이 부스럭거리는 소리나 옆집 아저씨가 지하 1층에 주차하고 승강기 타고 올라오는

뽕실이는 '아이셔~멍! 한 맛을 잘 몰랐다.
그런 그에게 한라봉을 줬으니 놀림당하고 있는 걸 분명히 알고 있다.
쌍심지가 켜지고 미간이 둘로 나뉘기 시작했다.
그 좋은 청각으로 불러도 못 들은 척을 했다.
이것도 사진 찍으려고 저지른 만행이다.

소리에 깨는 게 개들이니까! 최소한 그 소리들을 이길 정도는 돼야 한다.

어둡게 해줘야 한다는 것도 중요하다. 더 좋은 건 수건이나 주인의 티셔츠 등으로 강아지 집 입구를 가려주는 것이다. 주인의 체취가 묻은 옷은 안정감을 주기에 안심하고 푹 잠들게 한다. 게다가 입구를 가려주면 더 따뜻해지는 효과도 있다.

대낮에도 피아노 연주곡을 틀어주고
내가 입던 티셔츠로 가려주면 매우 잘 잤다.

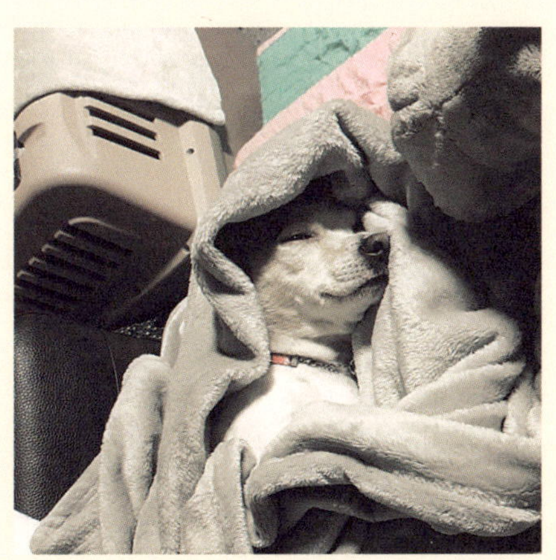

어둡지 않으면
피아노를 틀어줘도 심신의 안정은 될지 모르나 이렇게 선잠이 들었다.
이때는 뽕실이가 가장 불안에 떨던 시기이기도 했다.

집에
혼자 두어도
OK

| 분리불안 치수소 훈련법 |

4장

분리불안,
이렇게 하면 걱정없다

가장 중요한 것은 밖에서 집으로 들어올 때, 집에서 밖으로 나갈 때 언제나 똑같이 느긋느긋하게 행동해야 한다는 것이다.

느릿느릿 손을 닦고 흐느적흐느적 옷을 갈아입어라

다른 강아지들도 마찬가지겠지만, 집에 돌아와 현관문을 열었을 때 이뽕실은 꼬리를 들고 찰랑거리면서 뱅뱅 돌고 또 돈다. 개들은 과거 무리 생활에 대한 학습의 결과가 DNA에 각인되어 있기 때문에 무리를 가족, 식구라고 여기는 특성이 있다. 무리 중 밖에서 들어오는 식구는 대부분 식량을 가지고 올 때가 많기에 당연히 너무너무 반갑고, 미칠 것처럼 환영하는 마음이 막 우러

나오는 것이다. 그래서 웃으면서 돌고 또 돈다.

하지만 우리는 산속에 살고 있지 않고 갯과의 동물이 아니다. 우리 개가 점프를 해대며 왈왈우르르 짖어서 옆집 금동이가 깨서 우는 판이라면 무척 곤란할 것이다. 이럴 땐 어떻게 대응해야 하느냐?

일단 자신이 어떤 상황에서도 예의를 깍듯이 챙기며, 시도 때도 없이 점잖은 사람이라고 가정한다.

"잘 놀았어? 오늘 뭐 했어?"
"어지럽지? 그만 돌게나."

담담하게 웃으면서 쳐다본다. 쳐다만 본다. 만지지 않는다. 손도 안 씻었으니까.

손 안 씻으면 No! No! 밖에서 들어와서는 손을 닦고 개를 만지는 것이 좋다. 특히 겨울에는 엄청난 세균이 점퍼나 패딩을 거쳐 당신의 손을 타고 개 털에 옮겨진다. 고양이만큼은 아니지만 개 역시 몸 어딘가의 털을 얼마든지 핥아 먹을 수 있다. 미세먼지가 심한 날 강아지 산책을 자제하라는 이유 중 하나도 이것이다. 사람이든 동물이든 피부는 숨을 쉬기 마련이니, 개도 미세먼지가 털 사이를 지나 피부에 앉게 되면 천천히 미세먼지를 들여마시게 된다.

너와 내가 이렇게 다시 만난 것은 그저 일상다반사일 뿐이라는 태도로 일관해야 한다. 내가 돌아온 것은 별일 아닌 일이다. 그렇게 반가워해야 할 만큼 특별한 일이 아니다. 나는 집 밖으로 나갈 수도 있고, 집 안으로 들어올 수도 있는 사람이다.

"네가 생각하는 것처럼 그렇게 대단한 일이 아니란다, 이뽕실!"

만약 집에 오자마자 마구 안고 물고 빨고 한다면 개들은 이것을 이벤트처럼 받아들이고 온종일 이 시끌벅적하고 파이팅 넘치는 이벤트만을 기다리며 문 앞에 망부석처럼 지키고 앉아 있을 것이다.

어느 순간 도는 것을 멈춘 뽕실이는 내게 다가와 냄새를 맡아본다. 나는 그냥 가만히 서 있거나 침대 가에 걸터앉아 있다. 시간이 지나면서 뽕실이의 흥분도 웬만큼 가라앉고, 그냥 가만히 다가와 냄새만 오래 맡는다. 그러다 흥 하고 돌아서면 일단 대강은 알겠다는 얘기다. 네가 어디서 뭘 하다 왔는지 알겠다는 거다. 그리고 내가 옷을 갈아입는 것을 지켜본다. 윗도리를 갈아입는 동안 청바지 끝단 냄새도 맡아보고, 빨래 광주리에 휙 던진 윗도리 냄새를 킁킁 맡아보기도 한다.

그러다 그의 눈이 또 갑자기 활기를 띠기 시작한다. 냄새가 주는 정보를 종합해본 그는 결코 나의 하루를 '그저 그랬다' 라고 평가하는 법이 없다. 그는 남들과 별다를 것 없는 나의 하루를

'세상에서 가장 멋있고 또 멋있으며 지구에 네발 달린 짐승이 출현한 이래 가장 멋진 나의 주인이 킹왕짱으로 특별하게 보낸 완전 끝내주는 날' 이라고 매일매일 감탄한다. 물론 그렇게 감탄해 주는 유일한 존재이기도 하고 말이다.

최대한 게으르게 움직여라. 시력은 좋지 않지만 온 마음으로 당신을 숭배하는 강아지에게 당신의 하루를 세세히 알려주는 방법은 이렇게 천천히 냄새를 맡게 하는 것뿐이기 때문이다.

그리고 마침내 옷을 모두 갈아입고 샤워까지 다 하고 나와서야 강아지를 쓰다듬어주고, 안아노 푼나.

🦴 충분히 킁킁거리게 해라

마침내 내가 거실 소파에 껌딱지처럼 달라붙는 순간, 뽕실이도 내 파자마 위로 달라붙어 나의 똥꼬 쪽에 코를 대고 킁킁거려 본다. 개들은 어떤 동물의 냄새를 추적함으로써 그 동물이 움직인 경로까지 알 수 있다. 그는 이미 나의 사무실 냄새, 내 차 안에서 나는 냄새, 주차장 냄새를 모두 기억하고 있다. 내가 어디를 다녀왔는지, 나의 마음이 평안한지, 나의 건강은 제 사룟값을 벌어오는 일에 지장이 없을 만큼 양호한 상태인지 냄새로 판단하는 것이다.

　개들의 후각은 무척 발달해 있다. 미국 플로리다주립대학교 감각연구소(Sensory Research Institute)의 제임스 워커는 개의 후각이 사람보다 1만 배 뛰어나다고 추정했다. 워커는 "개의 후각이 사람보다 1만 배 좋다는 것은, 일테면 사람이 500미터 앞까지 내다 볼 때 개들은 약 500만 미터, 즉 5,000킬로미터 앞을 본다는 것"이라고 설명했다. 특히 개의 코를 자세히 보면 콧구멍 옆부분에 틈새가 있다. 그 덕에 개는 숨을 내쉴 때조차 냄새를 맡을 수 있다.

　또한 개가 인간의 질병을 판단할 수 있다는 사실도 많은 연구에서 밝혀졌다. 미국 플로리다대학교 수의학과에서 밝힌 사례가 있다. 미국에서 있었던 일이라는데, 개가 어느 날부터인가 주인의 종아리 근처를 계속 맴돌면서 킁킁대며 냄새를 맡았다. 그러다 결국 주인의 종아리 살을 물어뜯었는데 병원에 가니 "오! 축하합니다. 당신의 개가 지금 당신의 악성 종양을 제거했습니다"라고 하더란다.

　개에게 마음의 평화와 안정을 주는 방법 중 하나가 냄새를 충분히 맡도록 시간을 주는 것이다.

　"오늘도 무사히. 그렇지?"

장난감에 숨겨둔 간식을 킁킁대며 찾는 중이다.

눈빛으로 뿜어져 나오는 열광적인 숭배에도 나는 무덤덤하게 뽕실에게 묻는다.

"오늘도 이상 없지? 내일도 괜찮은 하루가 될까? 되겠지?"

천천히, 조용하게.

"내가 집에 돌아온 것은 일상다반사지. 안 그래, 이뽕실?"

🦴 간식 또는 일거리를 줘라

우리는 사실 우리가 집에 들어올 때 뽕실이가 빙빙 돌며 반겨 주는 것을 내심 매우 고맙게 생각하고 있다. 왜냐하면 너무 훈련 이 잘된 나머지 우리가 집을 나설 때 뽕실이는 전혀 아쉬워하지 않기 때문이다. 별반 관심이 없다. 언젠가는 돌아오겠거니 한다.

"뽕실아. 다녀올게."

일단 한번 쳐다는 본다. 그러고는 제가 하던 일을 계속한다.

나는 뽕실이가 귀에 새까맣게 꼈던 때를 빼고 광을 내던 순간 부터 종이컵에 콩알만 한 간식을 담아 던져주거나 숨기는 놀이를 해왔다. 집을 나설 때쯤, 나는 종이컵 네다섯 개에다가 간식을 담 아 집 안 구석구석에 던졌다. 나뿐 아니라 가족 모두가, 집에 다

종이컵 안에 간식을 넣고 종이컵을 구긴 후, 뽕실이에게 준다.

간식을 꺼내 먹기 위해 초집중하는 뽕실이

른 사람이 있을 때도 일단 나가는 당사자는 항상 간식을 뿌렸다. 그랬더니 누가 나가든 별반 신경을 쓰지 않게 됐다. 우리가 '안녕' 하는 것을 한번 쳐다볼 때도 있지만, 대개는 그저 종이컵 해체하는 일에 심혈을 기울일 뿐이다.

그에게 우리의 외출은 그다지 꺼려지는 일이 아니다. 뽕실이에겐 우리가 나가는 것이 간식이 생기는 일인 셈이다. 물론 처음이 '뿌리기'를 시작할 때는 간식도 꼬실꼬실 냄새가 많이 나고 큼직큼직한 걸 썼다. 처음에는 뽕실이도 간식이 뿌려진 거실 쪽을 바라보며 현관 쪽으로 따라가 인사를 할까 고민하는 기색이었다. 하지만 겨우 이틀뿐이었다.

'사람들이 나갈 때마다 간식을 주잖아! 이히!'

그런 일이 2년쯤 반복되니 이제는 '나가는구나. 언젠가는 돌아오겠지' 하고 앉아 있다.

설사 간식을 주지 않았어도, 그리고 어쩌다 뽕실이가 문 근처에 있었어도 제 장난감을 물고 거실에 놓인 방석 위로 올라간다. 심지어는 현관 근처에 있는 방에서 잠잘 준비를 하면서 게슴츠레한 눈으로 날 바라본 적도 있다. 간혹 식구들 모두의 외출이 길어질 것 같은 날에는 뼈다귀에 살이 붙어 있는 간식을 주고 나가기도 한다. 물론 재활용 A4용지 같은 것으로 한두 겹 꽁꽁 싸서 던

장난감에 고구마나 호박, 습식사료 같은 것을 채워서 던져주고 나와도 괜찮다.

진다.

이 순간, 환희에 찬 이뿡실은 우리가 가든 말든 전혀 관심을 두지 않고 싸맨 종이를 풀어헤치기 바쁠 뿐이다. 그는 무진장 기분이 좋다.

'그래, 다녀와!'

한 번 씩 웃어주고 온 정성을 다해 종이만 뜯는다. 정말이지 이렇게 쿨한 개라니!

요즘에는 도리어 내가 나갈 때 한번 따라와 준다든가 오래 쳐다봐 준다거나 했으면 좋겠다는 생각이 들 정도다.

화장실도 따라오는 법이 없다. 물론 처음에는 따라왔다. 문 앞에 앉혀놓고 잠깐 문 열고 "뿡실!" 이러고 닫고, 조금 있다 문 열고 "뿡실!" 하고 닫고 몇 번을 하니까 '아! 쟤는 그냥 저기 있는 거구나' 하고 이해를 했다.

손바닥을 사용하는
간단한 사인

매우 간단히다. 손바닥을 보여준다. 끝.

너무 야박하다고? 하지만 사실인데…. 그럼, 몇 가지 예를 보여주겠다. 서로 다른 언어를 사용하는 뽕실이와 나 사이에는 공통의 언어가 필요했다. 뽕실이더러 그걸 만들라고 하고 싶었지만, 내 지능이 좀 더 나을 테니 내가 만들기로 한 것이다. 무엇보다 간단해야 했다. 나는 인터넷 어딘가에 가입할 때마다 다양한 비밀번호를 만들어놓고, 돌아서면 잊었다. 매일 아이디 찾기와 비밀번호 찾기를 했다. 뽕실이와의 사이에 그런 일이 없으려면 현란한 수신호를 만들어선 안 됐다. 아주아주 간단해야만 했다.

'No!' 라는 말을 할 때, 손가락을 위로 향하게 하여 손바닥을 보여준다. 그럼 뽕실이는 내가 거부한다는 걸 이해했다. 손바닥 사인은 '나를 따라오지 말고 기다려!' 라는 의미로도 썼다. 그럴 때마다 뽕실이는 그저 가만히 앉아 멀뚱멀뚱 기다렸다.

이것을 뽕실이에게 이해시키기 위해서 물고 늘어지기 놀이를 했다. 앞에 인형을 쥐고 삑삑거리면 뽕실이는 바로 앙! 하고 물었다. 그것을 손에 쥐고 왔다 갔다 하면서 물고 늘어지게 해줬다. 그러다가 어느 순간 손바닥을 보여줬다. 'No' 라고 한마디만 하면서 손에 인형을 꽉 쥐었다. 뽕실이는 몇 번이나 인형을 제 쪽으로 당겨보려고 하다가 힘이 안 된다는 것을 깨달았는지 가만히 물러나 앉았다. 나중에는 손바닥을 보여주면 자동으로 물러나 앉았다. 이 놀이를 매일매일 조금씩 했다(강아지의 성격이 강하든 아니든, 꾸준히 반복해주면 어떤 강아지도 다 이해한다).

어쩌면 뽕실이는 이 훈련을 매우 쉽게 이해한 강아지인지도 모른다. 물론 뽕실이는 똘똘한 강아지였다. 하지만 똘똘한 축에 들었지 무슨 천재견 같은 건 아니다. 다만 그는 항상 최선을 다했

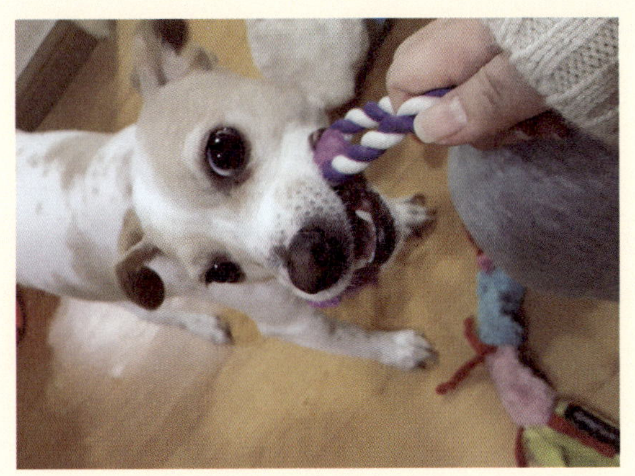

인형 장난감을 물고 놓지 않으려고 애를 쓰고 있다.

손바닥을 보여주니 일단 물러나 앉았다.
하지만 아직도 장난감을 던져줄 거라는 기대감을 버리지 못한 이뽕실.

다. 같은 일을 서너 번 하면 그 일을 곧잘 이해했다. 그런데 그가 그럴 수 있었던 데에는 '타고난 재능' 보다는, '노력' 이 컸다고 본다.

이 강아지의 마음속에는 어떻게든 우리 집에서 가족들과 함께 살고 싶다는 강한 열망이 있었다. 그는 항상 주위가 어떻게 돌아가는지 이해하려고 애를 썼다. 식구들 마음에 들고 싶어 한다는 게 빤히 보였다.

그리고 'No' 의 의미를 빠르게 이해하게 된 것은 그가 쉽게 포기했기 때문이기도 하다. 그는 사람들의 뜻을 거스르고 싶어 하지 않았다. 제가 하고 싶은 것보다 사람이 어떻게 하고 싶어 하는지가 그에게는 더 중요했다. 눈치를 보고 아주 빠르게 제 뜻을 포기했다. 뽕실이는 고집이 없는 강아지였다. 훈련을 시키기 전에도 그를 보는 사람은 누구나 너무 순한 강아지라고 칭찬을 했다. 나는 그가 순한 강아지인 것이 가장 가슴 아팠다.

그는 제 고집을 부려볼 만큼 여유 있는 어린 시절을 보내지 못했다. 그리고 그가 마침내 배고픔과 학대의 괴로움에서 벗어났을 때, 어린 시절의 두려움이 이미 굳어져 그의 성격에 매우 큰 영향을 미치고 있었다.

지금도 뽕실이는 제가 원하는 공놀이를 하고 싶어 공을 물고

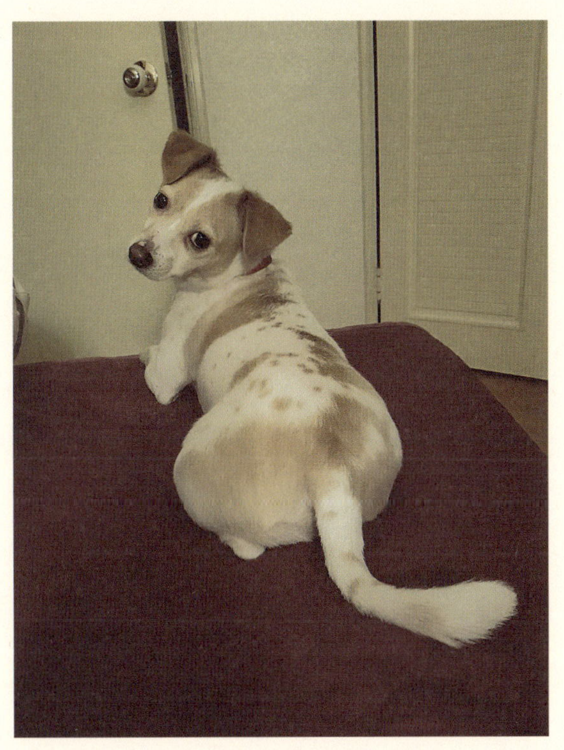

인간의 해석: 이뽕실은 나를 약간 밀친 것을 반성하고 있다.
뽕실의 해석: 일보 전진을 위한 일보 후퇴일 뿐.

오지만, 내가 손바닥을 들어 'No'라고 말하면 잠깐 동안 나를 가만히 쳐다보다가 공을 내려놓는다. 그러고는 앞에 조용히 앉아 있거나, 턱을 바닥에 대고 옆에 눕는다. 그 자세로 내가 책상에서 일어나 놀아주기를 이제나저제나 기다리며 눈치를 본다. 나는 환한 대낮에도 가만히 누워 눈치를 보던 그의 연한 갈색 눈동자를 생각하면 가슴 한구석이 아리곤 한다. 원래 사람도 더 좋아하는 쪽이 저렇게 가만히 눈치를 본다. 더 살을 맞대고 싶고, 온기를 오래오래 느끼고 싶어 이제나저제나 눈치를 본다. 돈이나 사랑 또는 권력, 나도 그 무엇이 가지고 싶어 누군가의 눈치를 본 적이 있을 것이다. 뽕실이의 가만가만 인내하는 그 눈동자는 나의 것과도 닮았다.

'No! 기다려'

뽕실이가 'No'의 의미를 이해하고 어느 정도 숙달이 됐을 때, 나는 상황에 따라 손바닥을 보여주는 것이 '기다려'의 의미도 있다는 것을 이해시키고 싶었다. 야구경기의 포수처럼 현란한 동작은 만들어봐야 금방 잊어버릴 것이 뻔했다. 그리고 7.5킬로그램짜리 작은 개와 함께 살아가는 데 우리에게 필요한 규칙은 '안

이뽕실의 궁둥짝 매쏘~드 반성 연기

돼'와 '기다려' 이 2가지면 충분하다고 생각했다.

그를 방 안에 두고, 손바닥을 보여준다. "기다려!"라고 말하고 방문을 열고 나가서 방문을 닫았다. 그리고 다시 금방 들어와서 잘했다고 칭찬하며 콩알만 한 간식을 입에 대줬다. 방문을 열고 나갔다 들어오는 간격은 3초에서 1분, 점차 3분까지 늘렸다. 그 후로는 내가 화장실에 갈 때나 한밤중에 뽕실이 몰래 주방으로 가서 무엇인가를 몰래 먹고 싶을 때마다 이 방법을 쓰곤 했다.

그런데 다른 때는 손바닥만 보여줘도 제가 있던 자리에서 기다리던 뽕실이도 내가 "기다려"라고 말한 후 부엌 쪽으로 가서 냉장고를 열면, 규칙 따위는 모두 잊고 맹렬하게 달려와 기대에 찬 눈으로 나를 바라보았다. 그러면 나는 후루룩후루룩 라면을 맛있게 먹으면서 다시 손바닥을 펴 '(미안하지만) No' 라는 거절의 의사를 분명히 밝힌다.

이렇게 써놓고 보니 뽕실이가 더 눈치를 보도록 한 게 아닌가 생각도 든다. 하지만 뽕실이와 오래오래 살아가려면 우리 사이에는 규칙이 있어야 한다고 생각했다. 나는 우리가 함께 있을 때 가장 편안한 친구가 되고 싶었다. 그러자면 서로 통하는 것이 있어야 했다. 그리고 사람들 사이에도 잘 섞일 수 있는 개가 되어 사랑받기를 바랐다. 기본적인 의사소통이 가능해지고 우리 사이에 신뢰가 싹틀수록, 나도 뽕실이의 마음속 소리를 내 마음으로 들을 수 있으리라 기대해보았다.

개가 말을 안 들어서 못 키우겠다는 말은 훈련을 제대로 시키지 않았다는 말이다. 반복과 훈련, 그리고 개가 스스로 생각하도록 기다려주는 인내심, 이 3가지만 있으면 어떤 개도 모범견이될 수 있다.

'No!'를 활용해보자

놀자고 내 발뒤꿈치를 깨물지만 나는 놀고 싶지 않을 때

돌아서 손바닥을 펴고 "No"라고 한 번 말한 후 무시한다. 꼭꼭 무시해야 한다.

강아지가 뒤꿈치를 살짝 무는 것이 같이 놀자는 신호인 건 분명하다. 그런데 아프지 않다고, 살짝이라고 방관해서는 안 된다. 받아줄 수 없다는 신호를 처음부터 강하게 보내야 한다. 무는 것자체를 방관해서는 안 된다.

일단 주인을 살짝 물어봤는데 놀아주면, 다음에는 조금 더 세게 물어본다. 그러다가 나중에는 주인이 아프다고 하는데도 아랑곳하지 않는다. 오히려 제힘을 과시하려고 든다. 왜냐, 그렇게학습됐으니까. 그리고 그 행동이 고스란히 당신의 조카나 어린

자녀에게 행해질 수도 있다.

무는 행위는 아예 처음 살짝이라도 발생했을 때부터 "아야! 아야!" 소리와 함께 최소 30분 이상의 외면으로 대응해주어야 한다. 당신이 놀자고 먼저 나서는 것이 열 번 중에 여덟 번, 나머지 두 번을 강아지가 놀자고 할 때 놀아주는 것이 바람직하다. 당신이 기본적인 룰을 정해주지 않고 나중에 "야! 물지 말랬잖아!"라고 해봐야 통하지 않는다.

지금 하고 있는 그 행동을 즉시 멈추길 바랄 때

손바닥을 보여주고 바로 "No"라고 한 번 말한다. 절대 같은 말을 반복하지 않는다. 정색하고 강아지의 눈을 한동안 바라보면 된다.

만약 계속 큰 소리로 말하면, 개들은 '오호라, 이거 점점 재미있어지는데?' 라고 생각한다. 이는 더 하라고 부추기는 것밖에 안되며, 따라서 같은 일을 또 저지르게 된다.

그 입에 들어간 걸 저지하고 싶을 때

내가 개를 쫓아가지 않고도 그가 순순히 입에서 내려놓기를 바랄 때는 다른 맛있는 간식을 반대 방향으로 던져주면 된다. 그러면 개는 당신이 내려놓길 바라는 걸 놓고 뛰어갈 것이다. 이때 절대 잡겠다고 뛰어가지 마라. 당신의 개는 이렇게 생각한다.
'오케이, 걸려들었어! 드디어 잡기 놀이 시작인가!'

🦴 개 성격 버리는 6가지 행동

개에 대해 다음과 같은 일을 했다가는 본전도 못 찾는다.

1 **소리 지르기.** 개는 이렇게 생각한다. '재미있네. 또 해야지'
2 **금방 화냈다가 금방 웃으면서 달래주기.** 그러면 다음부터는 혼내도 말을 안 듣게 된다.
3 **화낸 거 미안했다고 금방 간식 주기.** 화를 낼 때마다 결국 당신이 더 힘들어질 것이다.
4 **때리기.** '내 주인은 성격이 진짜 개차반이야' 라고 생각할 것이다. 특히 개들은 저지른 지 한 시간이 넘은 일은 이미 머릿속에 없다. 매질을 해봐야 아무 소용이 없다.
5 **일관성 없는 행동.** 같은 일을 했는데 어떨 때는 무시하고, 어떨 때는 신문지 말아서 때리고, 어떨 때는 환하게 웃으면서 용서한다면? 당신의 개는 규칙이 무엇인지 배울 수 없다.
6 **자발적 노예.** 소파 위에서 공을 떨어뜨릴 때마다 주인이 주워준다면 개는 이렇게 생각할 것이다. '약한 자로군. 넌 오늘부터 내 밥이다.'

우리 강아지, 이렇게 놀아주자

| 놀이 최소소 훈련법 |

5장

장난감을
사줘라

가지고 놀 게 생기면 벽지 안 긁는다

만약 우리가 책도, 스마트폰도, 텔레비전도 없는 공간에 갇혀 있어야 한다고 해보자. 괴로울 것이다. 무료하고 무료해서 꽤장한 스트레스를 받을 것이다.

주의를 끄는 사람도 없고, 마음대로 나가 놀다 들어올 수도 없는 갇힌 공간에 온종일 있어야 하는 개들의 마음은 어떨까? 그의 마음이 온전할까?

나는 텔레비전에 나오는 문제 강아지들을 유심히 본 적이 있다. 물론 내가 본 것이 전부라고 할 수는 없겠지만, 그들에게는 공통점이 하나 있었다. 그 강아지들 주위에는 가지고 놀 만한 장난감이나 도구들이 전혀 보이지 않더라는 것이다. 그들은 어느

공을 던져달라고 기다리는 뽕실이

하나에 집착하거나, 주인이 없는 동안 벽지나 장판 따위를 엉망으로 만들거나, 짖거나, 끊임없이 하울링을 했다.

강아지의 장난감은 빈 페트병에 간식을 조금 넣어주어도 좋고, 간식을 주인의 체취가 가득한 수건으로 돌돌 말아서 묶어주는 것도 좋다. 냄새를 맡아보고, 물어도 보고, 쥐어뜯어도 보고, 굴려보다가 분해도 해볼 수 있는 것이면 된다. 그리고 시중에 판매하는 장난감 공도 기껏해야 1,000원이면 살 수 있다. 장난감 인형도 2,000원이면 충분히 살 수 있다.

사람이든 짐승이든, 자신만의 것이 생기는 순간 소유의 개념이 확실해진다. 네 것과 내 것이 명확한 선을 긋고 구별되는 것이다. 강아지를 위해 그만의 장난감을 몇 가지 구입해주는 순간, 그는 알게 될 것이다. 이것은 내 것이고, 저기 바닥에 굴러다니는 양말은 우리 주인의 것이라는 사실을 말이다. 내 장난감들을 가지고 놀면 되지, 굳이 주인의 물건이나 집 안 장식품들을 쥐어뜯을 필요가 없다는 것을 그 스스로 인식하게 될 것이다.

뽕실이가 가장 기다리는 순간은 택배 박스가 집 안으로 들어올 때다. 그는 확실하게 택배라는 것이 무엇인지 인지하고 있다.

헥헥! 장난감과 함께하는 시간은 즐거워용!

더 초저렴하게 장난감을 마련하고 싶다면
집에 뒹구는 수건이나 짜투리 천을 모아 바느질로 이어보자.
그리고 그 안에 간식을 넣어준 뒤 둘둘 말아 던져주면 초저렴 장난감 완성!

그의 셈법에 따르면 '박스 = 내 것'이다.

뽕실이는 벨이 울릴 때마다 한두 번 짖곤 했는데, 그 습관을 고쳐주고 싶어서 택배를 이용한 것이 그 시작이었다. 나는 어쩌다 택배를 시킬 일이 있으면 아주 사소한 것이라도 장바구니에 뽕실이의 간식이나 장난감을 꼭 하나씩 추가하고는 했다. 그 결과 뽕실이는 벨이 울리면 항상 좋은 일이 생긴다는 것을 인식하게 됐고, 택배를 받으러 나가는 식구들을 빙글빙글 웃으며 따라나서는 경지에 이르렀다.

택배 박스에 가끔 강아지 장난감을 추가해주자. 2,000원이면 벽지 때문에 생돈 50만 원을 날려야 하는 일을 막을 수 있다.

소유 개념이 분명해진 뽕실이

뽕실이의 훈련 성과는 그의 수많은 장난감이 가져다준 거라고 할 수 있다. 개 때문에 음식 뒤처리 문제로 식겁한 적이 있었던 사람들은 이 엄청난 얘기를 들으면 아마도 입이 쩍 벌어질 것이다.

어느 날, 엄마가 순살 양념치킨을 시켜 드셨다. 소나 돼지, 닭 등을 여전히 먹지 못하는 나를 앞에 두고 일부러 더 냠냠 짭짭 소리를 내며 드셨다. 결국 다 못 드시고 부엌 베란다 너머 장독대 위에 올려놓고는 안방으로 들어가 주무셨다.

말이 장독대지, 뽕실이가 앞발을 들어 올릴 필요도 없는 매우 낮은 높이였다. 뭐든 잘 먹는 뽕실이가 그걸 가만둘 리 없을 것이다.

그런데 다음 날 아침, 밥을 하다 말고 그 사실이 떠오른 엄마가 놀라서 장독대로 달려가셨다. 그런데 치킨이 어제 놔둔 그대로 얌전히 놓여 있는 게 아닌가. 더 놀랍게도, 이뽕실이 그 주위를 아무렇지도 않게 오가면서 공을 가지고 놀고 있는 게 아닌가!

나는 뒤늦게 그 광경을 보고서 필시 뽕실이의 후각에 문제가 있는 거라고 생각했다. 하지만 아니었다. 내가 방에서 이뽕실의 간식인 북어포 하나를 집어든 순간, 뽕실이는 빛의 속도로 달려와 킁킁댔다.

그렇다. 이제 이뽕실은 제가 가진 것들에만 관심을 두었다. 제 간식이 아니고, 제 놀이 대상이 아닌 것들은 건드리지 않았다.

"나의 개는 소유의 개념을 이해하고 있어!!"

흥분을 감추지 못한 내가 희소식을 들려주자마자 내 친구는 바로 전화를 끊어버렸지만, 아마 내 얘길 귀담아들은 게 분명했

동생이 치킨을 시켜먹었다.
내 방에서 자고 있는 뽕실이 근처에 가지고 와도
뽕실이는 상관없다는 듯 계속 잔다.

다. 그 친구의 유기견은 전선 끊어먹기의 귀재였는데, 어느 날 열
개나 되는 장난감 세례를 받고 난 후로 전선 따위는 거들떠보지
도 않게 되었다.

🦴 이뽕실은 해체 전문가

나는 강아지 장난감 후기를 매우 열심히 썼다. 그 많은 후기에
공통으로 들어가는 말이 있었으니, 바로 이뽕실이 해체 전문가
라는 것이다. 그는 장난감을 대하는 단계별 매뉴얼 같은 것을 가
지고 있는 게 분명하다.

1 제가 가는 어디든 소중히 데리고 다닌다.

2 데리고 잔다.

3 눈이나 귀처럼 튀어나와 있는 부분들을 잘근잘근 씹어 제거한다.

4 이제껏 장난감의 사지를 연결해온 실밥들을 뜯어낸다(이 작업은 고도
   의 집중력이 요구되기 때문에 보통 며칠이 걸린다).

5 안의 솜들을 몽땅 들어낸다.

6 솜을 물고 주인에게 간다(사냥감을 완전 해체했다고 어깨에 힘주고 으스
   대며 갔다가, 실수로 엄마에게 갔을 경우에는 본전도 못 찾고 쫓겨온다).

나는 그 솜들을 긁어 모아두었다가, 아주 한가한 휴일 저녁 바느질을 시작하곤 했다. 그 꼬질꼬질한 침 냄새가 뭉실뭉실한 인형을 바느질하는 동안 이뽕실은 기대에 가득 차서 기다렸다. 나는 아무리 꼬질꼬질해져도 뽕실이가 아예 흥미를 안 보일 때까지는 장난감을 버리지 않았다. 새 장난감에 한동안 정신이 팔려 있다가도 그는 언제나 가장 냄새가 많이 나고, 봉합 자국으로 이것이 토끼였는지 그냥 걸레 뭉치였는지 알 수 없는 토끼 인형의 품으로 돌아갔다. 똑같은 제품을 새것으로 사주어도, 한참 그것을 가지고 놀다가 결국은 구수한 냄새를 풍기는 그의 올느설네토끼에게 돌아가곤 했다. 우리 엄마는 그 걸레토끼를 버릴 수 있는 날을 고대하고 계신다.

강아지와 사이좋게
띵까띵까 놀기

뽕실이와 공놀이를 시작하다

사실 뽕실이는 공놀이를 배우는 데에도 얼마간의 시간이 걸렸다. 뽕실이는 우리 집에 와서야 난생처음 공이라는 걸 봤다. 공놀이를 몰랐다. 처음 공을 톡 던져줬을 때는 제가 있는 근처에 전혀 닿을 리가 없는데도 저 혼자 놀라서 펄쩍 뛰었다. 그리고 다음 이틀 동안은 공이 도르르 굴러가는 걸 가만히, 아주 주의 깊게 구경했다. 그러다가 마침내 그 이틀째가 되던 날 공으로 다가가 냄새를 맡았다. 그다음에는 던져준 걸 따라가긴 하는데, '이걸 어떻게 해야 하나?' 고개를 갸우뚱거리면서 나 한 번 봤다가 공 한 번 봤다가 했다.

어쩌면 이런 강아지가 또 있을지 모르니 뽕실이와 공놀이를 하게 된 과정을 알려주겠다.

우선은 간식이 꼭 필요하고, 당신이 게을러야 한다. 그래야 공을 물어오게 할 수 있다.

나는 뽕실이의 간식이 들어 있는 뚜껑 달린 작은 반찬 통을 거실과 내 방 곳곳에 두었다. 왜냐하면 주방에 있는 간식함에서 매번 꺼내 오기가 귀찮았기 때문이다.

1 공을 가까이 톡 던진다. 가까이 굴려도 된다.

2 손에 쥔 반찬통에서 작은 간식을 꺼낸다.

그 간식을 탁자에 올려놓든 쥐고 있든, **중요한 것은 기다리는 것이다**(공을 바라본다. 아직 개가 반응을 보이지 않기 때문에 한참 기다려야 한다. 스마트폰, 컴퓨터, 책, 텔레비전 중 뭐라도 옆에 있어야 지루하지 않을 것이다).

개는 간식을 먹을 욕심에 일단 다가온다.

3 모르는 척한다.

4 공을 주워온다. 내가.

굴린다 또는 던진다. 톡 하고.

5 간식을 쥐고 기다린다(공을 바라본다. 간간이 딴짓을 하면서).

개는 어찌 된 영문인지 혼란스러워할 것이다.

6 한참 후, 내가 공을 주워온다.

다시 던진다.

개는 간식 한 번, 공 한 번 쳐다본다.

이 요상한 행동을 문득 생각이 날 때마다 반복해주면 된다. 그러다 보면 언젠가는 공을 물어오게 되어 있다.

뽕실이는 이게 무슨 일일까, 어떻게 해야 간식을 먹을 수 있을까를 계속 생각했고, 확실히는 몰라도 어렴풋이 그 연관 관계를 이해했다. 그리고 스스로 내린 결론대로 움직였다. 그리고 이렇게 스스로 생각할 기회가 많았던 강아지들은 사회적 관계를 고려하는 능력이 향상될뿐더러 안정된 성격을 갖게 된다. 또 주인의 의도를 이해하려는 노력이 쌓여 상호 소통이 더 원활해지는 효과가 있다. 한마디로, 주인의 말을 잘 듣는다.

그러다가 처음으로 공을 물어오거든, 활짝 웃으면서 간식을 양껏 준다. 다만 지구를 구한 것처럼 막 퍼주거나 과도하게 칭찬하면 안 된다. 그러면 정말 당신을 볼 때마다 공을 물어올 것이다. 그다음부터는 자동이다. 던지면 물어오고, 던지면 입으로 받는다.

이 단계가 지나면 무척 귀찮아질 수 있다. 즉 아무 때나 공을 물고 올 수도 있다.

그래도 나와 당신은 누워서, 앉아서, 밥 먹으면서, 쉬면서 공을 던져줄 수 있으니 얼마나 좋은가? 손목만 까딱까딱, 나도 쉬고 나의 개도 즐거우니 말이다.

던져라! 던져라! 얼른얼른 빨랑빨랑 시즌 개막!!

알고 보니 공놀이가 뽕실이의 취향에 딱 들어맞는 모양이었
다. 이뽕실은 눈을 떠서부터 잠들 때까지 장난감을 던지거나 공
던지기 놀이를 하고 싶어 했다. 입으로 공을 탁 받는다. 대단하지
않은가? 심지어 아무도 공을 던져주지 않을 때는 제 코로 톡 튕
기고 제가 가서 받는 놀이를 혼자서 하고 논다. 정말 대단하지 않
은가?

가끔 움직이고 싶을 때

쫓고 쫓기기 놀이를 해본다. 강아지들이 저희끼리 노는 모습
을 상상해보면 될 것이다. 쫓고 쫓기고, 난리도 아니다.

잠시 망상에 잠겨본다.

'나는 강아지다. 나는 강아지다.'

내가 뽕실이를 쫓아가서 진로 방해를 하는 순간부터, 뽕실이
는 헤헤헤 신이 나서 나를 쫓아다닌다. 정말 환하게 웃으면서 뛰
어다닌다. 그 덕에 나 역시 얼마나 소화가 잘 됐나 모른다.

종이컵 숨기기 놀이가 딱이다.

먼저, 종이컵에 작은 간식을 넣고 구긴다.

나는 뽕실이의 몰입도를 높이기 위해 이 과정을 보여줬다. 그리고 몇 개의 종이컵을 접었는지 뽕실 앞에서 늘 숫자를 세줬다 (대략 4~5개).

그런 다음, 종이컵을 숨긴다.

숨길 때는 단계별로 요령이 있다. 다음이 1단계다.

1 안이 훤히 들여다보이는 베란다 문밖으로 뽕실이를 내보낸다. **그의 시야에 들어오는 곳에만 종이컵들을 숨긴다.** 소파 앞, 탁자 앞, 문턱 위 등 금방 찾아낼 수 있는 곳에만 숨긴다. 모두 숨길 때쯤이면, 뽕실이는 문을 열고 들어오고 싶어서 오두방정 난리가 나 있다. 그래도 그렇게 흥분한 상태에서 그냥 문을 열어줘서는 안 된다.

2 **그 자리에 앉힌다.** 앉으라고 말하지 않고 빙그레 쳐다보고만 있어도, '이래야 열어줄 건가' 하면서 2~3분 안에 앉게 되어 있다.

3 **앉았으면 문을 열어준다.** 아마 쌩하고 튀어나갈 것이다.

4 **지켜본다.** 다 찾아서 찢고 분해해서 다 먹을 때까지 애정의 눈으로 바라보면 된다. 주인이 지켜봐 준다는 걸 알면 종이컵 하나를 찾을 때마다 얼마나 의기양양해하는지 모른다.

아무리 분리불안이 심한 강아지라도 이 놀이를 반복하다 보면 당신이 외출을 하든 말든 신경 쓰지 않을 것이다. 간식이 든 종이컵이 있는데 집 나가는 당신이 대수겠는가.

처음에 시작할 때는 간식이 약간 많아도 좋다. 중요한 것은 개의 후각을 자극할 수 있는 냄새가 나야 한다는 것. 나는 주로 북어포 간식을 이용했다.

나의 개 훈련에서 포인트는 '기승전결 간식'이라는 점을 잊어서는 안 된다. 그리고 조삼모사라는 것도. 처음에는 무조건 푸짐하고 많이 줘서 마음을 빼앗은 다음 점차 줄여나갈 것.

1단계에 적응이 되면, 2단계로 넘어간다.

적응이 됐다는 이야기는 투명한 창 너머로 내보내도 종이컵을 숨길 때까지 개가 어느 정도 숨을 죽이고 주시할 정도가 됐다는 얘기다. 다시 말해 '이제 곧 재미나는 놀이가 시작될 테니 잠시

기대감으로 흥분을 감출 수 없는 뿡실이가 유리문 너머에서 발톱을 갈고 있다.

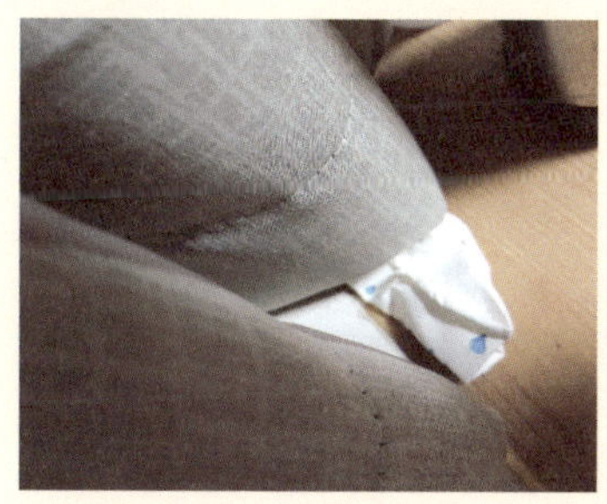

커튼 밑도 좋고, 장난감들 사이도 좋다.
다만 처음부터 너무 어렵게는 하지 않았다. 익숙해질수록 점점 찾기 어려운 곳에 숨긴다.

종이컵을 찾고 있는 이뿡실

나가 있는 것쯤은 참을 수 있어' 라고 여긴다는 뜻이다.

이번에는 종이컵들을 두 손 가득 들고 보여준 다음, 개를 불투명한 부엌문 너머로 보내거나 이동장에 잠깐 들어가 있으라고 한다. 평소 화장실을 싫어했다면 화장실에 잠깐 들어가 있으라고 한다. 특히 종이컵을 찾을 욕심에 싫어하던 장소도 감수할 만큼 간식은 꼬시꼬시한 냄새가 나는 것으로 준비하는 것이 좋다.

이 2단계에서는 주인과 강아지의 신뢰도도 높일 수 있는데, 방법은 다음과 같다.

1 **평소에 숨기던 곳보다 약간 더 어려운 곳에 숨긴다.** 다섯 개를 숨겼는데 네 개만 찾았다면, 그는 내내 나머지 종이컵을 찾아 헤매고 다닐 것이다.

2 **이를 한참 지켜보다가 그 근처로 개를 안내해준다.** 절대 직접 주는 것이 아니라 바로 옆까지만 데리고 간다. 특히 뻔히 보이는 곳까지 안내해준다면, 당신의 개는 당신을 더욱더 신뢰할 것이다.

이 놀이는 분리불안을 방지하거나 분리불안의 고통에서 건져 주는 효과가 있다. 또 비가 오거나, 날이 너무 덥거나 추워서, 아니면 내가 심각하게 우울해서 집에 콕 틀어박혀 있고 싶은 날 산책을 나갈 수 없는 강아지의 스트레스 방지용으로도 유용하다.

1. 다 마신 1.5리터 또는 500밀리리터 음료수 페트병에 **물을 담아 하루 정도 두면 냄새가 다 빠질 것이다.** 아니면 생수병도 좋다. 뒤집어서 하루나 이틀 정도 놔두면 안까지 바짝 마른다. 그리고 라벨은 미리 떼어낸다. 나중에 바닥을 빡빡 긁으며 청소하고 싶지 않다면 말이다.

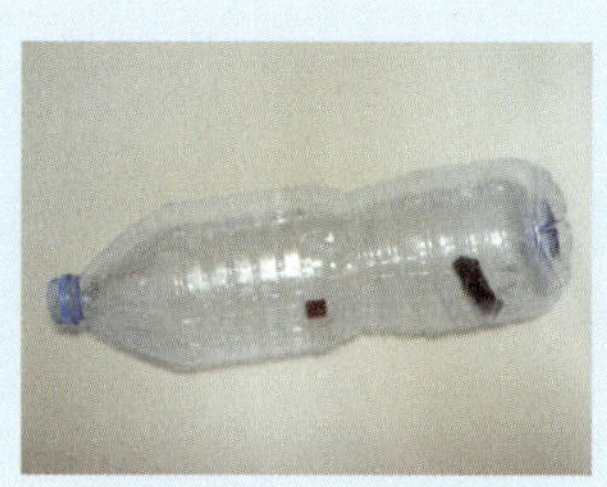

2. 페트병의 뚜껑을 열고 **그 안에 간식을 넣는다.**

3. 간식은 명태나 황태처럼 **냄새가 많이 나는 것이 유혹하기에 좋다. 크기를 3가지로 한다.** 작은 것, 중간, 그리고 이들을 가로막는 커다란 것.

4. 간식을 페트병에 넣고 뒤집어 본다. **내용물이 잘 쏟아지지 않아야 한다.**

5. 강아지에게 준다.

이게 끝이다.

안에 무엇을 넣어주느냐에 따라 한 시간도 놀 수 있다. 다만 소음에 시달리지 않으려면 바닥에 매트나 카펫을 까는 게 좋을 것이다. 페트병이 바닥을 치는 소리, 음, 장난 아니다.

 강아지는 다른 것은 다 빼먹었지만 그 큰 덩어리를 빼지 못해 안달을 할 것이다. 그때, 당신이 척 나타나 페트병을 잘라 그 덩어리를 꺼내주면 된다. 당신의 강아지는 이 숨 막히는 순간을 절대 잊지 못할 것이다.

🦴 손과 팔만 움직이고 싶을 때

간단하다.

1 한 손으로 야구공 쥐는 시늉을 여러 번 한다.
2 뽕실이가 공을 물고 온다.
   물고 늘어지기를 좀 하다가, 뽕실이를 보내고 싶으면 **꽉 쥐고 움직이지 않는 상태에서 "놔"라고 말한다.** 뽕실이는 물어오고 싶은 욕심에 공을 입에서 놓는다.
3 다시 또 던진다.
4 물어온다. 팔이 아프면 물고 늘어지게 하지 말고 다시 던진다.
5 물어온다.
6 던진다.

이걸 10분 정도 해주면 지쳐서 내게 오지 않는다. 공을 물고 다른 데로 가서 앉는다. 그럼 끝!! 헤헤.

만약 나는 팔이 아픈데 계속 놀아달라고 한다거나 10분이 넘었는데도 계속 놀아달라고 한다면?

안 된다. 이건 정말 중요한 이야기다. 계속 놀고 싶어 하는 개가 안쓰러워 보인다 해서 놀이를 계속해주어서는 안 된다. 놀이를 주도하는 것은 당신이어야 한다.

개가 공을 물어왔을 때, 공을 받아 쥐고 다른 손바닥을 들어 보여주면서 "No!"라고 말하다 마음 약해져서 금방 번복히면 안 된다. 처다보는 눈빛이 안쓰럽다고 금방 번복하고 공을 다시 던지면 그동안 쌓아왔던 신뢰, 기본적인 사인, 훈련체제가 무너지고 만다. 기본은 지켜줘야 한다. "No"라고 말했으면 최소한 10분은 그 사인이 효력을 발휘해야 한다.

마음 약한 당신을 위해 책에서 본 사례 하나를 들려주겠다.

어떤 사람이 온종일 집에서 자기를 기다리는 개가 불쌍해 퇴근 후에는 개가 원할 때까지 계속 공을 던져줬다고 한다. 나중에는 팔이 아파 깁스를 할 지경이 됐는데, 그럼에도 던져줄 수밖에 없었단다. 공을 안 던져주면 강아지가 물고 위협을 했기 때문이다. 그 강아지는 자신이 원할 때 자신의 요구를 모두 들어주는 주인을 보면서 자신이 가장 중요하다고 생각하게 됐고, 자신의 욕구가 좌절되는 경험을 해보지 못했다. 그 주인은 자신의 개를 영원히 떼만 쓰는, 왜 자신의 요구가 관철되지 않는지 도무지 이해할 수 없는 두 살 아이로 남겨둔 것이다. 그 결과 어떻게 해야 강아지와 공존할 수 있는지를 고민하는 상황까지 이르게 됐다(《당신의 몸짓은 개에게 무엇을 말하는가》, 패트리샤 맥코넬).

나는 사실 이런 예들을 읽고 얼마나 겁을 집어먹었는지 모른다. 그래서 항상 마음속으로 "기준!"이라고 외치곤 했다.

🦴 아무것도 안 하고 있지만 더 안 하고 싶을 때

강아지와의 유대감도 높일 수 있는, 아주아주 게으르면서 아주아주 효과 높은 놀이다.

실내용 가운(로브), 후드티, 추리닝 상의, 잠옷 바지 등 하나를 준비한다. 어쨌든 막 입는 것이어야 한다. 부푸러기가 나든, 올이 나가든 내 마음을 아프게 하지 않을 것들 말이다.

일테면 가운을 골랐다고 해보자. 방법은 다음과 같다.

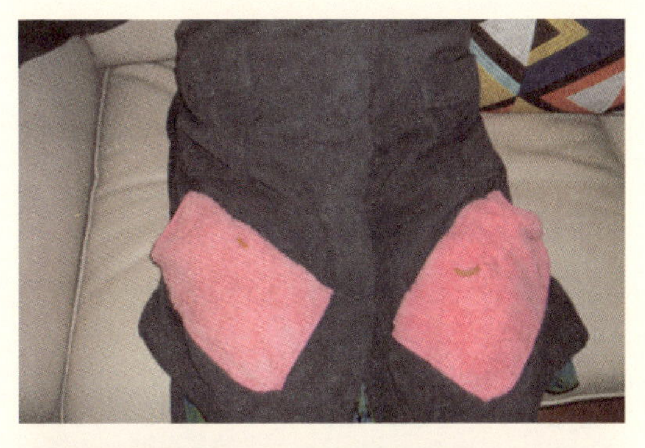

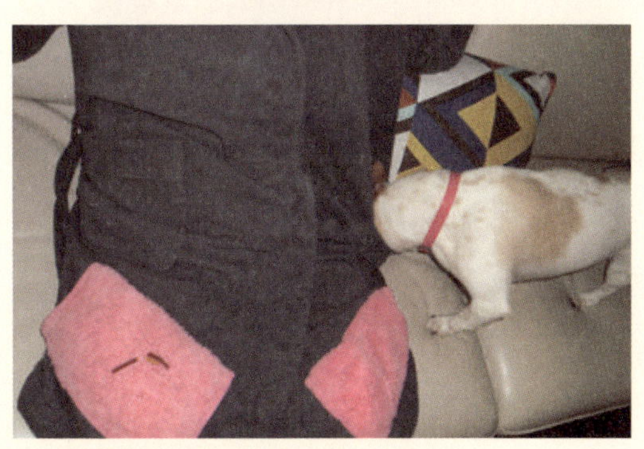

가운에 주머니를 만들어 달아 주었다.

1 가운을 걸치고 주머니에 간식을 넣어놓는다. 소파에 가만히 앉아서 하고 싶은 일을 하든가, 소파에 앉아서 멍때리고 있든가, 소파에 누워서 졸고 있어도 좋다.

당신의 개는 반드시 올 것이다.

왜?

개의 코를 가졌으니까!

왔다! 그가.

2 당신에게 찰싹 달라붙어 온몸을 밟고 다니면서 가운 주머니에 들어 있는 간식을 빼 먹으려고 갖은 애를 쓸 것이다.

될 수 있으면 옷의 소재는 약간 두껍거나 톡톡한 것이 좋다. 안 그러면 그 맹렬한 탐사에 피부가 긁힐 수도 있다.

이 놀이는 주인과 강아지가 한층 가까워지게 해준다.

다만 주의할 점이 있다면 처음 만났을 때는, 그러니까 서로 전혀 모를 때는 아무리 기다려봐야 소용이 없다는 것이다. 입양이건 분양이건 마찬가지다. 간식의 유혹이 대단하긴 하겠지만, 가까이 다가오기까지는 상당한 시간이 걸린다.

또 하나 주의할 점은 개가 간식을 꺼내 먹다가 살짝 물거나, 고의가 아닐지라도 할퀴었을 경우에는 무조건 놀이를 중단해야 한다는 것이다.

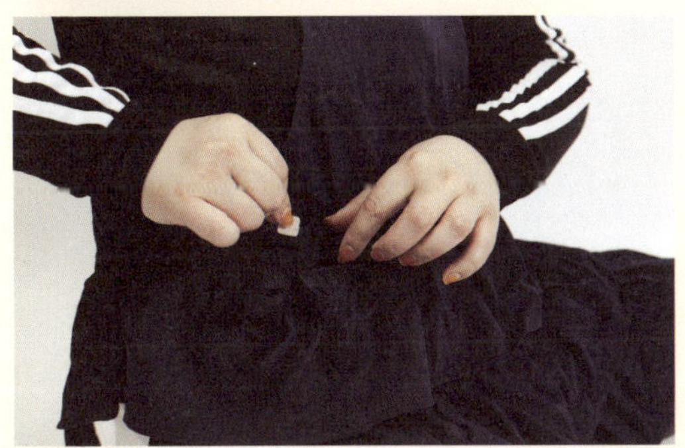

앞치마 주머니에 간식을 넣고 나는 TV 시청하기 놀이.
영화를 볼 때는 겹겹이 싼 간식을 주머니에 넣어 둔다.

"아이고, 아파라."

나의 사인은 이것이었다. 솔직히 아픈 적은 없었지만, 항상 이 소리를 내면서 놀이를 중단했다. 그리고 다쳤다고 생각하는 부분을 뽕실이에게 보여주면서 또 한 번 그런 소리를 냈다. 이런 경험이 몇 번 반복되자 뽕실이는 아무리 장난이라도 사람을 다치게 하지 않으려고 노력하게 됐다. 그런 노력이 눈에 보여 가슴 짠하게 느껴졌다.

뭐니 뭐니 해도 가장 좋은 것,
산책

무엇보다 좋은 것은 산책이다.

산책만큼 개들의 마음에 쏙 드는 일도 없을 것이고, 그들을 행복하게 해주는 일도 없을 것이다. 밖으로 나가서 풀이건 나무건 공기건, 쿵쿵거리면서 냄새를 맡은 일은 그들의 가슴을 뛰게 한다.

그러나 뽕실이는 처음에 산책을 완강하게 거부했다. 거부 정도가 아니라 문 근처에서 데리고 나가려는 시늉만 해도 벌벌 떨었다. 다시 저를 가져다 버리는 줄 알고 공포에 질리는 것 같았다.

개통령 강형욱 씨는 이렇게 말했다. 간식으로 유인하되 하루

산책은 원래 잘 웃던 뽕실이를 매초 매순간 영구맹구땡구처럼 웃게 한다.
나는 그때 촘~ 뽕실이가 띵띵해 보인다고 생각했지만, 비밀이다.

는 집 현관까지만, 그다음 날은 문밖까지만, 그리고 그다음 날은 층계를 두 칸 내려가는 것까지만… 이런 식으로 늘려나가야 한다고.

그래서 그렇게 했다. 처음에는 그냥 현관 바닥에 북어포를 뿌려놨다. 그렇게 장장 일주일을 했다. 그리고 다음 주에는 현관문을 열고 문밖에 북어포를 뿌려놓았다. 다시 일주일 하고도 이틀째에 뽕실이는 집 밖으로 자발적인 첫걸음을 내디뎠다. 이런 식으로 해서 산책이 가능해지는 데까지 두 달이 걸렸다.

이제는 하루라도 산책이 불가능한 날에는 정말 오만상을 쓰고 나를 바라본다. 그래서 비가 오는 날에는 아파트 현관까지 나가본다. 신나서 나갔다가 비 한 방울이라도 맞아봐야 소스라치면서 들어오기 때문이다. 이제는 '밖에 물, 못 나가' 까지 확장된 사고를 하게 됐다. 비 오는 날이면 내가 베란다 밖으로 손을 뻗어 손에 묻은 빗물을 코에 대준다. 그러면 그 냄새를 맡고 돌아선다.

산책을 나가도 뽕실이가 줄을 당기려고 하면 나는 반대편으로 몸을 향하고 기다렸다. 처음에는 한참을 기다려야 슬금슬금 다가오더니 이제는 몸을 트는 쪽으로 따라왔다. 스스로 생각하는 능력을 키워줬더니 이제 뽕실이는 매번 스스로 이해하는 시간이 꼭 필요해졌다. 이해를 해야 움직이려고 들었다. 그래서 편해진 것 하나는, 원래 개들은 손가락질하는 의미를 이해하지 못하지만 뽕실이는 손가락질하는 방향을 쳐다볼 줄 알고 일단 한번 가보기도 한다는 것이다.

뽕실이와 나는 산책은 오래 하지만 먼 거리를 가지는 않는다. 그는 충분히 냄새를 맡기를 원하고, 나는 그리 멀리 가고픈 생각이 없다. 그래서 오케이다.

뽕실이가 냄새를 맡는 동안 나는 이렇게 서 있다. 그냥 서서 하늘도 보고, 저 멀리 무슨 산이지 모르겠지만 산인 것은 분명한 녹색 덩어리도 본다. 녹색을 바라보면 눈에 좋다고들 하지 않는가. 오늘은 저녁에 뭘 먹어볼까 하는 생각도 하고, 일주일 계획을 세워보기도 했다. 세계 정복을 하는 데 뭐가 필요할까 같은 생각도 해본다. 그리고 뽕실이가 다음 고지로 떠날 준비가 된 것 같으면 이동을 하고, 나는 다시 한번 망상 또는 공상에 빠진다.

🦴 차를 태울 때도 한 걸음씩

만약 산책을 하고 싶어 하는 곳이 차를 타고 이동을 해야 하는 곳이라면?

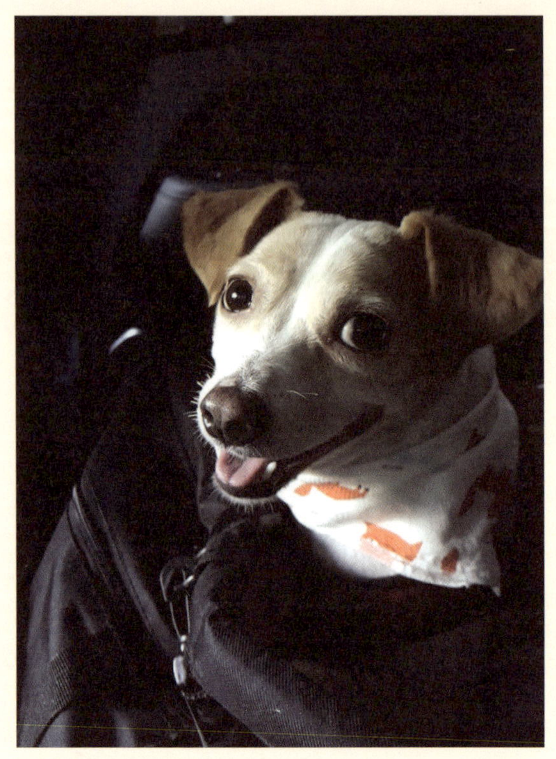

강아지 카시트를 구입하기 전,
내 등산용 백팩에 담겨 자동차에 탄 뽕실이.
푹 담가진 것을 기뻐하고 있다.

이에 대해서도 할 말이 많다. 왜냐하면 이뽕실이 온전하게 차에 올라타는 데까지 한 달여의 시간이 걸렸기 때문이다. 뽕실이는 처음 입양 올 때 엄마 무릎 위에서 매우 얌전하게 실려 왔던 것이 믿기지 않을 정도로 차를 싫어하고 무서워했다. 저를 다시 버리러 가는 줄 알고 차에 타는 것이 두려웠던 모양이다.

조금씩 반복하는 것만이 살길이었다. 이 역시 개통령의 조언을 따랐다. 나는 우선 뽕실이와 차 안에서 시간을 보냈다. 뽕실이의 냄새나는 이불을 조수석 뽕실이 전용 카시트에 깔아주고, 그가 물고 빨고 한 장난감 중에 침 냄새가 가장 심한 장난감을 카시트 안에 넣어줬다.

그렇게 차에 타서는, 그냥 차에 있었다. 뽕실이는 간식을 먹다가 개껌을 먹고, 나는 그동안 핸드폰으로 오늘의 검색어들을 클릭해보기도 하고 책을 읽기도 했다. 둘 다 의자를 젖혀놓고 쿨쿨 잠도 잤다. 봄이었다.

물론 운전을 해서 어딘가를 갈 거였다면 간식을 주어서는 안되겠지만(멀미할 수가 있다. 차를 타고 이동하기 두 시간 정도 전부터는 차라리 물 말고는 아무것도 주지 않는 것이 좋다), 우리는 그냥 차에 앉아 있다가 내려서 길바닥이나 남의 강아지가 쉬야한 기둥 냄새나 좀 맡다가 집으로 들어갈 예정이었으니 상관없었다. 덕분에 그는

장거리를 가거나 물그릇에 생수 주는 것이 귀찮을 때,
강아지 젖먹이는 작은 젖병에 생수를 입 앞부분에 슬쩍 넣고(목으로 확 넘어가지 않게)
엄지와 검지로 찍찍 눌러준다.
사진에선 뿡실이가 우유를 좋아해 우유를 주었다.
우유를 줄 때는 락토프리 우유를 주는 것이 좋다.

모처럼 간식을 실컷 먹을 수 있었다.

그리고 그가 어느 정도 차에 적응을 하고 나서, 공원도 가고
병원도 갔다. 알려주고 싶었다. 이 차를 타면 아주아주 신나는
곳에 갈 수 있다고, 기대해도 좋다고 말이다. 첫인상이 좋았던
모양인지, 다행히 옛날처럼 마구 떨어대거나 두려워하지는 않게
됐다.

미용과
건강,
둘 다 잡자

| 깔끔 최소소 훈련법 |

6장

목욕을 엄청 좋아하는
이상한 강아지

너는 왜 목욕을 좋아하는가?

딴 게 뭐 있겠는가. 나의 훈련법은, 앞서 말했듯이 '기승전결 간식'이다!

내가 엄마한테 목욕을 맡겼다고 해서 절대 그들을 방치한 것은 아니다. 엄마가 뽕실이의 목욕을 매우 쉽고 편안하게 할 수 있었던 데는 99.99퍼센트 나의 노력이 있었기 때문이다.

뽕실이를 처음 목욕시키기 전부터 나는 간식을 뿌렸다. 앞으로 그가 목욕을 당하게 될 욕실에다가, 생각날 때마다 뿌리고 또 뿌렸다. 쉽다. 물론 바닥이 말라 있는지 확인하고, 머리카락도 치워야 한다는 엄청난 번거로움은 있다. 그래서 뽕실이는 욕실 안에서 자잘한 간식들을 숱하게 주워 먹었다. 그러다 보니 처음 목욕하던 당일, 엄마가 그를 안고 욕실 안에 자리를 잡을 때도 욕실 입구에 앉아 있는 나를 멀뚱멀뚱 바라보고 있었다. 놀랄까 봐 욕실 문을 닫지 않았고, 나는 타월을 들고 문 앞에서 대기했다.

그러고도 모자라 나는 엄마 품에 안겨 있는 그의 입에 그다지 씹을 필요가 없는 간식을 넣어줬다(북어포 가루를 아주 쬐에끔씩, 목에 걸리지도 않고, 혀로 '음~. 이런 맛이로구나!' 하고 느낄 만큼). 그때의 뽕실이는 자신에게 쏟아지는 관심에 기뻐하는 듯이 보였다(뽕실이는 일단 두 명 이상의 사람이 저를 들여다보는 것을 엄청 티나게 좋아했다).

엄마의 품에 꼭 안긴 것은 마지 포획된 사냥감 같은 느낌이 들어 그다지 기분이 좋지 않았을 것이다. 개들은 저를 꼭 안아 품에 가두는 것을 좋아하지 않는다. 옴짝달싹하지 못한다는 느낌을 먼저 받는다. 약자의 입장에서 도망갈 곳이 차단된다는 느낌을 받기 때문이다. 웃고 있지만 웃는 게 아니다. 그저 주인의 기분을 맞춰주는 것이랄까? 참아주는 거라고 보면 된다. 평상시 자주 쓰다듬어주고, 안을 때는 짧고 가볍게 안아주는 것이 좋다.

엄마는 면장갑, 그러니까 목장갑을 끼고 목욕을 시키기 시작했다. 이 면장갑은 우리가 수많은 시행착오 끝에 최고로 뽑은 것이다. 한쪽이 빨갛게 코팅되어 있는 것 말고 그냥 투박한 목장갑 말이다. 이게 부드럽고 거품도 잘 난다. 다만 구입하고 처음 사용

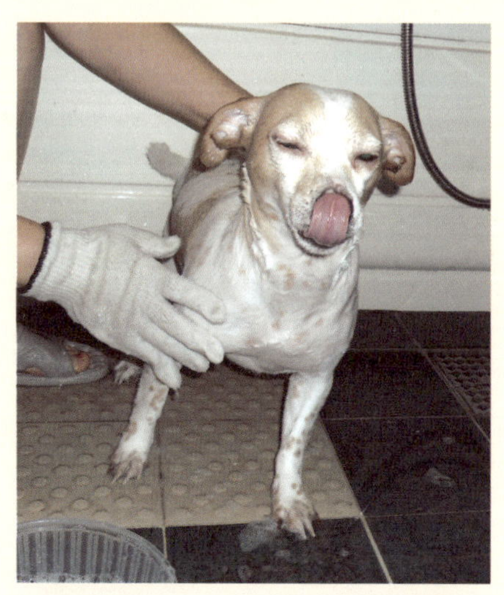

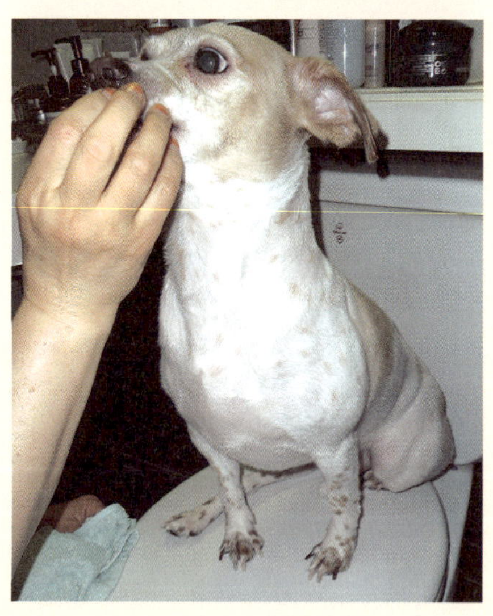

목욕 후 받아 먹는 간식은 꿀맛!

할 때는 물에 하루 정도 담갔다가 써야 화학약품이 빠져나간다. 비눗물에 빨아서 하루 더 담가놓으면 완전히 부드러워져 씻기기 좋다.

엄마는 로디 때도 그랬지만 뽕실이를 씻기고 본인도 씻겠다는 각오로 뽕실이를 무릎에 끼우고 씻기셨다. 엄마들이 아기들 안고 머리 감기는 것처럼.

엄마가 씻으시는 동안 내가 뽕실이를 받아 드라이어로 말렸다. 가끔 거의 씹을 필요도 없는 걸 입에 넣어줘 가면서 말이다. 거의 씹을 필요가 없다는 건 거의 공알반 하다는 얘기다. 가끔은 뽕실이도 자기가 뭘 먹긴 한 건지 의아하다는 얼굴로 갸우뚱거리곤 했다. 어쨌든 드라이까지 다 끝내고 나면 간식을 풍부하게 줬다.

그 '클라이맥스'는 뽕실이가 모든 목욕 과정을 마친 후에 펼쳐졌다. 나는 막 드라이를 마친 이뽕실의 눈앞에서 하루에 한 개만 주던 커다란 오리말이 간식을 세 개나 사방팔방으로 풀어버렸다. 아, 그 순간 희열에 찼던 이뽕실의 눈망울이 아직도 눈에 선하다. 그는 정말이지 광적인 기쁨에 들떠 벌에 쏘인 강아지처럼 사방팔방을 헤집고 다녔다.

오리말이 하나를 입에 물고 아직 거실 바닥에 있는 나머지를 어떻게 제 방석까지 가져갈까를 고민하는 것이 보였다. 그는 입에 물었던 것을 놓고, 바닥에 있던 것을 집은 후에는 바닥에 있는

것까지 어떻게 가져갈지를 고민했다. 방석까지 세 개를 다 옮기
는 데에는 오랜 시간이 걸렸다.

우리 뽕실이는 이렇게 목욕도, 털 깎는 것도 모든 과정을 평화
롭게 받아들이며 인내할 줄 아는 개가 됐다.

미용이라 쓰고
야매라 읽는다

엄마는 깔끔한 걸 좋아하시는 분이다. 하지만 대가족 살림이라 버리고 싶어도 혼자 뜻대로 버리지 못하고 잔뜩 껴안고 살아야 했기에 깨끗함에 대한 욕구를 충족할 수가 없었다. 그것이 자신이 통제할 수 있는 것에 대한 욕구로 옮겨가 먼지에 대한 결벽증 같은 걸 좀 가지고 계셨다. 그런 사람이 강아지를 키워야 했으니 얼마나 힘들었겠는가. 로디나 뽕실이 입장에서 다행인 건 무척 정이 많은 사람이었다는 것이고, 불행이라면 털이 날리는 것을 힘겨워했기에 털을 짧게 깎아야만 했다는 것이다.

로디는 평생 강아지 미용실에 다녔다. 그때 우리는 아는 것이 너무 없었다. 강아지를 위한 미용실에 다닌다는 것만으로도 나는 꽤 괜찮은 주인이라고 생각했다. 우리는 그가 어떤 기분으로 미용을 받을지에 대해서는 한 번도 깊이 생각해보지 못했다.

뽕실이는 어쩌면 자책감을 덜기 위한 도전의 재물이었을지도 모른다. 확실히 처음에는 그랬다. 애견 미용실을 다니다가 가정 내 미용에 도전했을 때, 내가 원한 것은 딱 하나였다. 우리 집에서 함께 살려면 어쩔 수 없이 미용을 계속 받아야 한다. 그러니 영구 같은 스타일이 되더라도 벌벌 떠는 것이 아니라 조금이라도 두려움 없이 즐겁게 받을 수 있기를 바랐다.

뽕실이의 울퉁불퉁 덥수룩한 털 패션을 보고 나 한 번 뽕실이 한 번 번갈아 보던 이웃에게 "귀엽죠?"라고 물어본 이후, 그분은 지금까지 내 앞에 나타난 적이 없다. 손재주 없는 나를 탓해야지. 뽕실이는 제 털 길이가 들쑥날쑥해도 잘 몰랐다. 거울을 볼 줄 아는 고등 진화 단계를 거쳐온 동물이 아니라 다행이었다.

그래도 처음에는 정말 무서웠다. 혹시 살을 베지나 않을까 두려운 마음이 너무나 컸다. 그 결과로 처음 몇 번은 뽕실이를 주름이 져 늙어 보이게 했고, 화난 것처럼 보이게 했으며, 때로는 웃고 있지 않아도 웃는 것처럼 보이게 했다.

엄마가 하고 있으면 내가 답답하다고 나섰다가 뽕실이를 할배 견처럼 보이게 만들었고, 내가 하고 있으면 엄마가 그렇게 하는 것이 아니라고 나섰다가 알에서 갓 태어난 병아리 같은 대머리를 만들어놓기도 했다. 그리고 그럴 때면 뽕실이는 내내 무시하던 거울 속의 자신을 유난히 조금 더 오래 무시하는 것 같았다.

그나마 뽕실이가 잘 따라준 것은, 이 미용의식을 그가 목욕하고 간식을 평소보다 많이 얻어먹는 장소로 각인된 그 욕실에서 했기 때문일 것이다. 그리고 똑같은 의식이 진행됐기 때문일 것이다. 시작하기 전 얻어먹고, 끝나고 칭찬 듣고, 또 얻어먹는다.

다만 여기서 관건이라면, 미용기의 소리가 나름 요란하다는 것과 발바닥 사이의 잔털 등을 가위로 제거할 때 그것을 뽕실이가 바라본다는 것이었다. 첫 번째는 일단 개들의 마음에 잔잔한 평화를 준다는 피아노 소리를 틀었다. 이것도 두세 번 하다 보니 틀 필요가 없어졌다. 내가 직접 뽕실이를 칭찬하는 소리를 계속 떠들었다. 그리고 뽕실이가 가위질을 그냥 보게 했다. 그 대신 꽉 잡았다. 이것은 발톱을 자를 때도 똑같이 했다. 꽉 잡고 발톱 한 번 자르고 칭찬하고 조그만 트릿 하나(빨리 먹을 수 있고, 목에 걸릴 리 없는) 먹이고, 그다음 발톱 자르고 칭찬하고 트릿 조각 먹이고, 다시 꽉 잡고 자르고 칭찬하고 먹이고 이 과정을 반복했다.

그 대신, 위험한 과정이니만큼 이때만큼은 꽉 잡아서 주인의 힘이 그를 압도하고 있다는 것을 보여줘야 한다. 그리고 바로 풀고 칭찬하고 먹이고. 이 과정을 되풀이하다 보면, 발가락 하나를 끝내고 멈추던 것에서 뒷발 하나를 끝내고 멈추는 것으로, 그리고 궁극적으로는 네 발을 모두 정리하고 멈추는 것으로 발전한다. 중간쯤 가면 우리의 강아지는 반항할까 말까 대신 이것을 다 마치면 간식 폭풍이 닥친다는 것만 기억하게 될 것이다.

물론 처음에 길들일 때는 마지막에 다 끝내고 주는 간식의 양에서 강아지 스스로 푸짐하다고 느낄 수 있어야 한다. 하루에 사료의 양을 정해놓고 줬다면 그 4분의 1가량을 퍼붓고, 비스킷 한 개를 줬다면 세 개를 반씩 나누어서 여섯 개를, 개껌 하나를 줬다면 두 개를 세 등분해서 여섯 개를 말이다. 개들은 일단 숫자에 약하다.

반복이 50퍼센트 정도로 중요하다면 처음에 충격적으로 각인시켜주는 것이 50퍼센트를 차지한다! '이렇게나 많이!!'라고 좋아서 거의 기절할 만큼 충격적이어야 한다. 목욕을 시키든 발톱을 깎든, 싫어하는 일일수록 간식을 퍼부어야 한다. 특히 초기 1~3회 정도를 이런 식으로 해야 한다. 그다음부터는 싫어해도 혹시나 하는 마음에 저항이 약간 줄어든다. 이때부터 확 줄이는 것이 아니라 80퍼센트로 세 번 주고, 60퍼센트로 또 세 번 주고, 40퍼센트로 세 번 준다. 이 40퍼센트 수준은 쭉 유지해줘야 한다. 대가가 있어야 뭘 좀 참아볼 생각이 들 테니까.

—

야매라도 나는 좋앙~

  그리고 이 프로젝트가 제대로 먹히려면, 당일은 오전부터 사료 외에는 간식을 일절 주지 않음으로써 간식에 대한 욕구를 끌어올려야 한다. 원래 간식을 주지 않는 가정이라면, 사료의 양을 평소보다 아주 쬐금 줄여서 음식에 대한 애착심을 좀더 끌어올릴 수 있다. 사료의 양을 많이 줄여서는 안 되는 이유는, 간식의 개념과 사료의 개념은 다르기 때문이다. 허기진 상태에서 허겁지겁 배를 채우면 바로 토할 수 있다. 사료로 배를 채운 상태에서 '뭐야! 입이 심심한데 오늘은 간식을 안 주네' 와는 차원이 다르다는 이야기다. 참고로, 개들이 구토를 하는 이유 중 하나는 공복 시간이 길기 때문이다. 특히 노란색 물 같은 구토를 한다면 긴 공복이 원인이다.

뽕실에게 이빨은
오복이 아니라 최고 복

개들의 위는 인간처럼 직립이 아니라 누워 있다. 인간이 걸어다니고 활동을 해야 소화를 시킬 수 있다면, 개들은 가만히 앉아있거나 잠을 자야 소화가 된다. 사료를 먹자마자 뛰어다니면 토하기 쉽다. 공복은 열 시간을 넘기면 좋지 않다. 이 역시 토하기 쉽다. 사람은 자기 전에 먹으면 소화 시간이 오래 걸리고 위에 무리를 줘 몸이 붓지만 개들은 자기 전에 먹어도 잘만 소화된다. 다만 사료를 먹고 바로 자면 구토는 덜 하겠지만, 잔해가 이빨 사이사이에 남아 입 냄새를 풍길 것이고 이빨 건강도 나빠질 것이다.

그렇다면 개는 칫솔질을 어떻게 해줘야 할까?

로디를 키울 때, 나는 강아지용 치약·칫솔이 존재한다는 것자체를 몰랐다. 병원에 가도 개껌만 사 가지고 '난 참 좋은 주인이야' 이러면서 나왔다. 로디는 죽을 때까지 이빨이 참 튼튼했다. 그런데 뽕실이를 데리고 와서 강아지 탐구생활을 하다 보니, 로디는 유전자가 강했거나 어쩌다 운이 좋았던 걸지도 모른다는 사실을 알게 됐다.

양치질을 해줄 수 있다면 해주는 것이 좋다. 개도 사람과 다를 바 없다. 충치가 생기면 구취가 나고 세균도 번식한다. 흔하진 않지만, 치주염을 얻을 수도 있다. 더욱이 뽕실이는 서열로 치면 자기가 내 발끝에도 못 미친다는 것을 터득했는지 아니면 뭐 하나라도 얻어먹어 볼 심산으로 그랬는지, 그것도 아니면 나의 하루를 염탐하고 분석해보겠다는 가당찮은 심보를 가졌던 건지 내 얼굴을 헥헥 핥기를 무척 좋아한다. 그때 세균이 내게 옮겨올 수 있다. 그 세균은 나의 입속 세균과는 그 근본이나 활동무대 등 일치하는 게 거의 없어 뭘 옮기고 할 것은 없다. 그래도 냄새나는 침을 묻히는 뽕실이를 보면 나는 정말 심각하게 걱정을 하겠지. 그래서 이빨을 닦아줬다.

뽕실이는 이 양치 타임을 엄청 고대했다. 다음은 나의 뽕실이 양치질 입문기다.

1 처음엔 싫다고 버티는 걸 무릎에 잘 놓고 주둥이를 위아래 손으로 쥐고 양 이빨을 다물게 한 상태에서 한 바퀴만 쓰윽 닦았다. 그걸로 끝. 입을 다 안 벌려도 강 대강 쓰윽, 아무튼 딱 한 번으로 끝냈다. 그런 다음 개껌을 줬다.
2 또 한 번 쓰윽, 개껌.
3 또 한 번 쓰윽, 개껌.

이설 누 달 넘게 했다. 왜 시간이 오래 걸리냐 하면 개들은 머리, 얼굴, 입, 꼬리 부분을 만지는 걸 상당히 싫어하기 때문이다. 특히 처음 보는 개, 예를 들어 친구네 개인데 나랑 안면 튼 지 얼마 안 된 개라면 머리·얼굴·입꼬리는 절대 만지면 안 된다. 아니, 그냥 아무것도 만지지 말자! 아니면 꼭! 만져봐도 되냐고 주인에게 물어봐야 한다. 그럼 주인이 얘는 예민해서 만지는 걸 싫어한다든가, 내가 머리를 안고 있을 테니 등을 쓰다듬어보라든가, 얘는 아주 친화적이니 그냥 만져도 된다는 등의 이야기를 해줄 것이다. 누가 나에게 뽕실이 좀 만져도 되냐고 물으면 나는 못 만지게 했다. 뽕실이는 사람을 엄청 무서워했다. 특히 남자, 그리고 손이 위에서 자기 쪽으로 내려오는 건 거의 경기를 일으키면서 쳐다도 못 봤다. 그래서 산책 중 누군가가 뽕실이에게 다가오면, 나는 잽싸게 그 사람과 뽕실이 사이로 끼어들었다. 내 몸으로 막은 거다. 웃으면서 상대방과 말은 하지만 상대방도 내 몸의 발버둥을 알아채고, 바로 "아이고, 사람을 무서워하는 강아지구나"라고 말하곤 했다. 그렇게 오래 걸린 이유는, 길게 얘기할 것도 없이 내가 게으름의 화신이기 때문이다.

아무튼 두 달이 넘어가면서 오른쪽도 두 번, 왼쪽도 두 번, 앞니도 한 번으로 늘었다. 개 양치질을 해줄 때는 절대 당신이 양치질할 때처럼 '윗니 아랫니 잘 닦고' 같은 망상은 버려야 한다. 그냥 옆으로 쓱쓱이다.

이제 뽕실이는 기다렸다. 양치질을 하면 개껌을 먹을 수 있으니까. 식탐이 많아서 그런 건 아니다. 뽕실이는 날이 밝아서 질 때까지 자기가 수행해야 하는 임무가 몇 개 있다는 것을 알았다. 그 일이 끝나면 간식을 먹을 수 있다는 것은 물론이고. 그래서 발톱을 깎든 목욕을 시키든 순하게, 아니 오히려 적극적으로 나왔다. 심지어 이제는 임무를 수행할 때만 간식을 주니 얼마나 소중한 임무들이겠는가.

너무 피곤할 때는 바르는 치약을 쓰기도 한다.
깨끗하게 닦은 손가락으로 스윽스윽 닦아준다.
보통의 경우 강아지 칫솔을 이용해 개 전용 치약으로 닦아준다.

우리의 관절은
소중하니까요

우리 집은 옛날부터 집 안에서 슬리퍼를 신고 돌아다녔다. 조리, 그러니까 발가락만 걸어 편히 신고 다니는 신발 같은 것 말이다. '아하! 그러고 보니 유학을 와서도 집 안에서 신발을 신고 돌아다니는 일이 아무렇지도 않게 느껴졌던 것이구나.' 나는 어스름한 새벽 캘리포니아의 어느 이층집 화장실에 앉아서 이 사실을 깨달았다.

뽕실이를 데려와 키우던 어느 날, 나는 거실에 놀이방 매트를 깔아야 한다고 강력히 주장했다. 뽕실이는 온전한 세 개의 다리를 가지고 있지만 자꾸 미끄러지곤 했다. 그래서 강아지 매트나 아이들 놀이방 매트를 깔아주면, 공을 잡겠다고 뛰어다닐 때 또는 귀가하는 가족을 맞겠다고 뛰어갈 때 미끄러지지도 않고 좋을 것 같았다. 그리고 때때로 페트병 안에 들어 있는 간식 빼먹기 놀

이뽕실이 어렸을 적 깔아줬던 매트다.
그리고 저 울타리는 막힌 것이 아닌데도 왜 쳐줬느냐 하면
그에게 홀로 독립된 공간을 주기 위해서였다.
학대받고 버려지고, 아직 그에게 남은 상처는 매우 깊은 것이었다.
그에게 알려주고 싶었다.
'이곳은 너만의 공간이다.
너 혼자 있을 수 있어' 라고.

이를 할 때 층간 소음 문제가 발생할까 걱정스럽기도 했다.

안 깔겠다는 부모님을 설득했다. 그분들의 노쇠한 무릎 관절에도 도움이 될 거라고 조곤조곤 말하는 나에게 부모님은 그래서 푹신한 슬리퍼를 신고 있지 않느냐고 반문하셨다. 그래도 매트를 깔면 더 좋을 것이라고 설득했고, 마침내 설득에 성공했다.

깔고 나니 이곳은 너와 나의 파라다이스였다. 뽕실이는 더는 미끄러지지 않았고, 페트병과 함께 마음껏 널을 뛸 수도 있었다. 나는 간혹 소파에 누워 사색에 잠기고 싶을 때는 이리저리 공을 던져 이뽕실 씨를 지치게 해서 재워버릴 수도 있었다.

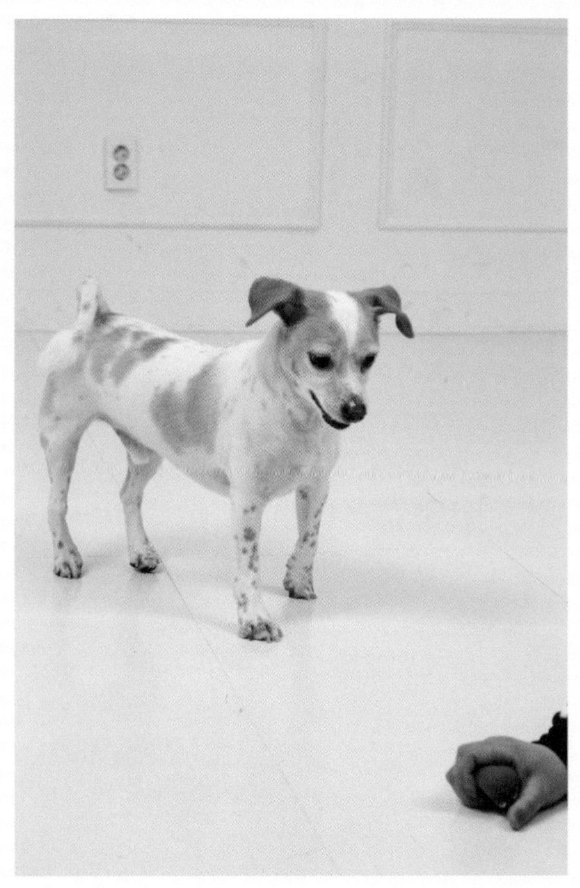

—

공을 향한 초롱초롱한 눈빛!

뿡실이가
나에게 준
선물들

7장

집 나간
이뽕실

뽕실이를 입양한 지 얼마 되지 않았을 때의 일이다. 아빠가 문을 여는 순간 뽕실이가 갑자기 쏜살같이 뛰쳐나갔다. 그와 동시에 온 식구가 뛰쳐나갔다. 보이는 사람마다 붙잡고 물어보았다. 작고 하얀 개를 못 보셨냐고, 갈색 얼룩무늬라고, 다리를 전다고. 뽕실이의 아픈 다리가 이런 순간에는 결정적인 단서가 되어주다니. 어쨌든 우리는 뽕실이만 찾을 수 있다면 뭐라도 다 가져다 썼을 것이다.

뽕실이는 인식표도 하고 있었고, 인식표에는 나의 전화번호가 적혀 있었다. 나는 누군가 그 인식표를 보기도 전에 무슨 변고가 생기지 않을까 하여 몹시 두려웠다. 개를 잃어버렸을 때는 초동수사가 중요하다. 사람들에게 묻고 묻고 또 물어보자. 그러다 보면 연결고리를 발견할 수 있다.

다행히 출근 시간이라 많은 사람이 뽕실이를 목격했다. 뽕실이를 보았다는 학생들도 많았다. 나는 거의 혼비백산해서 사람들 사이를 헤집고 다녔다. 그러다 슬리퍼를 신은 발이 너무 아파졌고, 차를 끌고 다시 나와 뽕실이의 행적이 끊긴 곳부터 추적을 이어 갔다. 한 아파트 단지 앞에서 교통정리를 해주시던 분이 매우 결정적인 단서를 주셨다. 다리를 저는 것 같았고 하얀 것도 같은 개가 저 횡단보도를 건너갔다고 말이다. 대충 잡아도 집에서 3킬로미터는 족히 떨어진 아파트였다.

예전에 읽은 어떤 자료에서 누군가는 말했다. 개들에게는, 아니 모든 포유류에게는 직진 본능이 있다고. 하지만 횡단보도 건너편에는 직진할 수 있는 길이 여러 개였다. 그 순간 전에 가본 그곳, 뽕실이가 버려졌던 동네는 지극히 농촌다운 분위기를 풍기고 있었다는 게 기억났다. 아마 뽕실이는 횡단보도 건너 동네 뒷산으로 향했을 것이다. 나도 그쪽으로 향했다. 산 밑에 가보니 두 갈래 길이 있었다. 한 할아버지가 알려주셨다. 하얀 개 한 마리가 산 쪽으로 올라갔다고.

나는 다시 집으로 돌아와 운동화로 갈아 신고 뽕실이를 만나면 주겠다고 배낭에 생수 한 병, 담요 한 장을 넣었다. 그리고 한 손에는 뽕실이가 매일 가지고 놀던 애벌레 삑삑이를, 다른 손에는 북어포 봉지를 들고 다시 그곳으로 갔다. 산쪽으로 향해 난 길을 조금 오르니 길이 또 여러 갈래로 흩어졌다. 나는 한 손으로는 애벌레 삑삑이를 눌러 삑삑 소리를 내면서 뽕실이의 이름을 불렀다. 벌게진 얼굴로 이러고 뛰다가 걷다가 하니, 이제는 물어보지 않아도 사람들이 강아지 간 곳을 가르쳐주었다. 고마워서 눈물이 날 지경이었다.

아침 9시도 안 되어 잃어버린 개를 저녁 해가 지고 나서야 찾았다. 산 아래 찻집의 아주머니가 하얀 개가 산 중턱에서 혼자 놀고 있는 것을 봤다고 알려주신 덕이다. 동생이 일을 마치고 합류했다. 우리는 산 중턱 길 가장자리에 웅크린 채 동생은 북어포를 뿌리고 나는 삑삑이를 누르며 애타게 뽕실이를 기다렸다.

그러고 두어 시간이 지났을 때, 드디어 나의 하얀 개가 나타났다!! 잔뜩 겁에 질려 있던 뽕실이는 처음엔 나를 알아보지도 못했다. 그런데 우리가 좀 가까워지자, 정말이지 정신 나간 강아지처럼 전속력으로 달려와 안겼다. 발톱에 어찌나 힘을 꽉 주고 있던지 내가 엉덩이를 받쳐주지 않아도 내 어깨에 매달려 갈 수 있을 것만 같았다.

다음 날 수업 시간에 만난 사랑하는 나의 제자는 이렇게 말했다. 어제 등교하던 길에 나를 보았으나 설마 우리 쌤일까 싶어 눈을 씻고 다시 봤다고. 이러이러해서 뽕실이를 찾으러 나간 길이었다고 하니 그는 숙연한 표정으로 연신 다행이라고 말하면서도, 한마디를 잊지 않았다.

"쌤! 다음부터는 혹시 또 모르니까, 꼭 화장을 하고 자요. 쌤."

개는 아파도
내색하지 않는다

'우리는 네발로 걷고 하얀 털을 가졌다. 무리로 살아가며, 언제 어디서 적이 나타날지 모르니 무리가 함께 이동한다. 함께 이동하지 못하고 혼자 돌아다니는 것은 다른 무리에 둘러싸여 더 빨리 더 비참하게 죽을 수 있다는 것을 뜻한다. 나는 지금 발톱과 무릎에 부상을 입었다. 내가 잘 걸을 수 없다는 것을 알면 나를 데려가 줄까? 그냥 두고 가버리겠지. 하지만 나는 아직 살고 싶어, 살아남을 거야.'

무리에 섞여 사는 동물들은 아픈 것을 숨긴다. 늑대에서 갈라져 나왔다고 봐야 하는지 더 전 단계에서 늑대와 개로 갈라져 나온 것인지는 명확하지 않지만, 개도 마찬가지다. 조직에 누가 되어서는 안 된다. 그것은 곧 버려진다는 것을 의미했다. 심지어 죽

병원에서 돌아오는 길에 들른 주유소에서.
엄마는 걱정과 자책으로 울상인데 뽕실이는 여전히 웃고 있다.

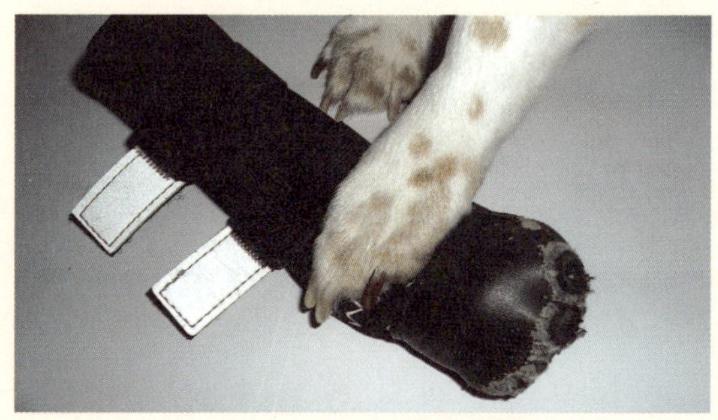

완전히 갈린 보호대

을 때도 혼자 조용히 죽는다. 모두가 잠든 새벽, 모두가 외출한 시간, 될 수 있으면 어두운 곳, 구석을 찾아 죽는다.

우리는 뽕실이가 피를 흘리고 있다는 것을 몰랐다. 뽕실이는 눈이 마주칠 때마다 평소와 다름없이 웃고 있었으니까. 그런데 산책을 마치고 아파트 층계를 오르는데 엄마가 깜짝 놀라 소리를 질렀다.

"어머 어머 이게 무슨 피니. 어머 이거 뽕실이 피야, 어머 어머!!"

뽕실이의 마비된 발이 피범벅이었다. 차에 태워 가는 동안 엄마와 나는 자책을 했다.

동물병원에서는 발톱이 부러졌다고 했다. 뽕실이의 발톱은 모두 균형이 맞지 않았다. 매일 산책하는데 어느 쪽 발톱은 거의 닳지 않았고 어느 쪽은 조금씩 마모된 것이 눈에 보였다. 그리고 기능할 수 없는 발은 그저 끌려다니는 바람에 발톱이 너무 심하게 닳아 양말이나 신발 같은 걸 신겨야 했다. 그나마 그것도 금방 닳기 때문에 며칠 못 갔다.

의사는 척추가 뒤틀려 있어 나이가 들어갈수록 다리에 무리가 갈 것이라고 했다. 그래서 마비된 발 옆의 발도 보조기를 했다. 그걸 뽕실이는 너무 힘들어했다. 끌리는 발에는 종아리를 넘어서는 높이까지 보호대가 감싸고 있었고 반대쪽에는 딱딱한 보조기가 채워져 있으니 힘들었을 것이다. 일단 다리에 너무 힘을 주고 걸어서 그럴 수도 있겠다 싶어 보조기는 당분간 빼기로 했다.

뽕실아,
넌 나의 스승이야

나는 슬프고 괴롭고 좌절해도 그걸 드러내지 않는 것이 그 상황에서 최대한 빨리 벗어날 수 있는 길이라고 배웠다. 아마 다들 그렇게 배웠을 것이다. 하지만 마음이 그렇다고 해서 행동마저 그렇게 해버리면 재기하기가 더 힘들어진다. 당장 100원이 없어도 내일 1억을 벌 수 있는 사람처럼 생각하고 행동해야 한다고 했다. 코너에 몰릴수록 좌절하지 말고, 긍정적인 사고를 그만둬서는 안 된다.

이제 나는 좌절을 해도 대충 흐지부지 넘어가는 바람에 진짜 좌절을 했었는지 슬펐었는지 민숭민숭한 사람이 되어버렸다. 슬픈 일도 없고 기쁜 일도 없다. 아무 일도 없는 척을 하는 일에 열을 올리다 보니 나의 정신도 '척' 잘하는 나를 무조건 믿는다.

그런데 뽕실이는 기쁨을, 슬픔을, 질투를 가르쳐준다.
그리고 말해준다.

"자연스럽게 살아. 사료 있고 간식 있고 물 있고 목욕할 수 있고 옷 있고 잘 데 있으면 됐잖아. 천년만년 살 것도 아니잖니? 그리고 너한테는 내가 있잖아. 나는 너를 무조건 사랑할 거야."

나의 영원한 스승 뽕실이

모든 '이생망'*을 위하여

뽕실이가 처음에 우리 집에 왔을 때는 내려놓은 자리 그대로 앉아 있거나 구석으로 가 숨기 바빴다. 숨어서 눈만 내놨는데, 우리가 쳐다보면 눈을 마주치지도 못했다. 그를 쓰다듬어주고 싶어 손만 내밀어도 뽕실이는 사시나무 떨듯 벌벌 떨었다.

숨거나 떠는 건 이틀이 지나고 나서야 그만뒀다. 그때부터는 식구들을 가만히 관찰만 했다. 그리고 다음부터는 저와 같은 방에서 자는 나를 제 생명줄인 양 졸졸 따라다녔다.

그 시절의 그는 짖을 줄 몰랐고, 온갖 눈치를 봐가며 허겁지겁 사료를 먹었다. 빨래를 너는 우리 엄마를 따라 나가 익숙한 냉기에 안심하며 한겨울 베란다 바닥에 배를 붙이고 잠이 들었다.

* '이생망'은 '이번 생은 망했어'를 줄여 부르는 신조어다.

그 시절의 그는 한 박자 눈치를 보고 나서야 움직이곤 했다.

함께 살고 싶어서 그랬다.

혹시라도 저를 원래 있던 케이지 안으로 다시 데려다 놓으려나 싶어서 집 밖으로는 한 발자국도 안 나가려고 애를 썼다.

그는 함께 살고 싶어 했다.

그는 이제 실컷 산책을 하고도 더 돌아다니자고 길바닥에 껌처럼 배를 붙이고 버티기도 하는 주관이 있는 개가 됐고, (주인이 옆에 있을 경우에만) 초인종 소리에 온갖 부산을 떨며 짖으려고 폼을 잡아보는 호기를 부릴 줄 아는 용감한 개가 됐고, 먹으면 나오고 먹으면 나오는 오병이어의 기적과도 같은 급식기와 동의어임에도 이 주인님에게 감사할 줄 모르며, 간식이 담긴 종이컵 개수로 가족 구성원의 됨됨이를 파악하는, 사랑받는 것을 의심하지 않는 개가 됐다.

뽕실이가 처음 왔던 겨울이 한 번, 그리고 두 번 지나갔을 뿐이다. 한때 그가 감내해야 했던 죽음과 삶 사이의 외줄 타기는 그에게 아주 먼 과거의 일이 되어 멀리멀리 흘러갔다.

다만, 나는 아직도 뽕실이의 얼굴 너머로 두둥실 떠오르는 수많은 너를 향해 매일 꼬박꼬박 조문을 읽는다. 그러지 않고서야 이 어처구니없는 불합리함을 어떻게 이해하겠느냐고.

나는 너를 생각한다. 2016년 2월, 뽕실이와 함께 웅크리고 있던 수많은 뽕실이들을. 당신의 해피나 나의 뽕실이가 될 수도 있었을, 이제는 세상에 없을 그 조그맣거나 큰 것들을.

비명을 지르며 질질 끌려 나가는 그 순간까지도 혹시나 하고 눈을 껌벅껌벅했을 착한 것들의 간절했던 기다림은 이제는 그 착한 것들과 함께 세상에 존재하지 않게 됐을 것이다.

살고 싶었을 것이다.

케이지 밖으로 나가 그 담을 뛰어넘으면 어린 너를 귀여워했던 주인을 다시 만나게 되리라고. 너를 내버리고 간 그 자리에 주인이 다시 돌아와 있으리라고 너는 믿었을 것이다.

그런 하루가 가고, 열흘이 가고, 달이 바뀔 때 너는 제멋대로 가출한 것을, 너무 커버린 것을, 병들어버린 것을, 늙어버린 것을 미안해했을 것이다.

그리고 너는 끝내 사과했을 것이다. 저를 애타게 찾고 있을 주인에게, 저를 버린 주인에게, 저를 불로 지진 주인에게, 한 번도 가져보지 못한 손길에게. 살아나가지 못한 저의 처지를, 저 높은 담을 뛰어넘을 수 없는 열세 살 굽은 다리를, 제때 치료받지 못하여 끌고 다니는 그 다리를 사과했을 것이다.

너는 살고 싶었을 것이다. 네가 보았던 너의 주인과 함께 살고 싶었을 것이다.

그 미련스러웠던 희망에 대고 나는 사과한다. 어디 한 번 곧게 펼쳐질 만큼 자라지도 못한 채 마지막 순간까지 말려들어 간 채로 벌벌 떨었을 어린 것들의 꼬랑지에게도 사과한다. 이번 생은 정말 낭패였으니, 다음 생은 무엇이든 네가 바라는 것으로 태어나라고. 내가 뭐라고, 그래도 기도를 한다.

너는 죄 없이 두들겨 맞다가, 끌려 다니다가, 굶주리다가, 버림을 받아 헤매다가, 쫓겨 다녔든 아니면 그저 길을 잃었든 간에 결국 죽임을 당했다.

화가 난다는 이유로 또는 아무 이유도 없이 너를 매질하고, 던지고, 굶기고, 칼로 네 몸을 찌르고, 나무에 매달고, 차에 매다는 잔혹한 마음을 가진 이들도 언젠가는 그보다 더 잔혹한 마음에 낭패를 보게 될 것이다.

수많은 뽕실이를, 저도 데려가라고 캉캉 짖는 그 눈들을 마주치지도 못하고 우리 집 뽕실이만 달랑 들고 나온 나도, 너희가 입양되기를 간절히 빈다고 손가락으로만 나불거리던 나도, 나는 바쁘니 두 마리의 개는 감당할 수 없다고 이미 답을 정해놓은 나도 그중 하나일 것이다.

결국 너의 죽음은 내 일상의 가치조차 지니지 못한 것이었으니.

그래, 나의 위선 역시 언젠가는 낭패를 보게 될 것이다.

너에게는 무척 좋은 생이 기다리고 있을 것이다. 네가 우리에게 준 사랑과 믿음은 세상에서 찾아볼 수 없는 것이었다. 너는 우리를 무조건 사랑하고, 무조건 믿었다. 너는 선하고 선하고 또 선한 존재였다. 뽕실이가 웃을 때마다 나는 내가 그날 함께 데리고 나올 수 없었던 수많은 너를 함께 생각할 것이다.

염치없지만, 이번 생은 망했을지라도 다음 생에서 네가 사람으로 태어난다면 혹시 내가 사람이 아닌 무언가가 되어 태어나더라도 나를 목매달거나, 때리거나, 살아 있는 내 가죽을 벗기거나, 산 채로 땅에 파묻지는 말아주기를.

부디 내 가죽을 벗기기 전에, 내 목을 꺾기 전에, 내 목을 매달기 전에, 내 지느러미를 자르기 전에 고통 없는 죽음을 허락해주기를. 내가 아직 살아 있다는 것을 기억해주기를.

이번 생에서 원하지 않았던 죽임을 당해야만 했던 모든 것을 위해 공포와 고통 속에 죽어가야만 했던 가장 선하고 약한 것들을 위해 제 앞가림이나 걱정해야 하는 별 볼 일 없는 나이지만, 그래도 너의 다음 생은 꼭 네 좋은 것으로 세상에 나오라고, 온 마음으로 바라고 또 바란다.

이 세상에서 낭패를 본 모든 것들을 위하여

개에 대한
20가지
소소한 정보

01 개는 고기 맛과 단맛을 가장 잘 느끼며, 짠맛은 거의 알지 못한다.

02 대부분의 문화에서 사람을 개에 비교하는 것은 매우 심한 욕설이다.

03 개는 붉은 계통과 녹색 계통의 색을 거의 알아볼 수 없다. 인간으로 치면 적록 색맹이다. 뚜렷하게 볼 수 있는 것은 파란색 계통뿐이다.

04 개는 어두운 곳에서 사물의 윤곽을 잘 구분해낼 수 있다.

05 개들은 하루 평균 열 시간 정도를 잔다.

06 강아지늘도 오른손잡이, 왼손잡이가 있다. 대체로 음식이나 장난감을 향해 내미는 손이 주로 사용하는 쪽이다.

07 개는 쉴 때 꼬리를 오른쪽으로 흔들고, 흥분했을 때는 왼쪽으로 흔든다.

08 개는 음식을 앞에 두었을 때보다 인간을 앞에 두었을 때 의사소통의 방식으로 더 다양한 표정을 짓는다.

09 개 천국이라는 미국도 강아지 MRI 비용이 2,000달러에 육박한다(2014년 기준, 한화 약 240만 원). 사람은 응급상태에 빠질 경우 미국이든 한국이든 일단 치료하고 나중에 돈을 낼 수 있지만(한국의 경우 응급의료비 대지급제도가 있다), 동물 치료는 그렇지 않다.

10 음식을 앞에 두고 방어를 위해 공격적인 성향을 띠는 것은 개들의 전형적인 특성이 아니다. 만약 개가 이런 특성을 보인다면 집 안 구석구

석 3~4곳에 사료를 지속 공급한다.

11 줄이 풀린 개가 불시에 달려들 때 절대 도망가면 안 된다. 무서워도 참아야 한다. 무섭다고 눈을 질끈 감고 주저앉아서도 안 된다. 개의 눈에 당신은 고개를 모로 돌리고 그를 외면한 상태여야 한다. 절대 눈을 절대 마주쳐선 안 되며 등을 다 보여줘서도 안 된다. 정면으로 맞서도 안 되고, 딱 반쯤만 보이도록 모로 서 있는 것이 제일 좋다. 주저앉거나 등을 보이거나 도망가는 것은 당신이 약하다는 것을 보여주는 셈이 된다. 더욱이 개들은 움직이는 것을 가지고 놀길 좋아한다. 당신이 도망가는 것은 '약한 저를 데리고 노세요' 라는 행동언어다.

12 개가 외상을 입었을 때(찢어지거나, 심하게 긁혔거나, 발톱이 부러졌거나 등) 일명 '빨간 약(포비돈요오드 용액)' 을 거즈에 떨어뜨려서 소독해주어도 된다.

13 강아지 눈물 자국을 사라지게 하겠다고 눈가에 뭘 바르는 건 좋지 않다. 가끔 키친 타월에 식염수나 그냥 물을 적셔서 닦아준다. 물티슈는 피부를 더 예민하게 하니 좋지 않다. 자꾸 눈물을 흘리는 건 대부분 음식이 원인이다. 또는 집먼지가 원인일 수도 있다. 뽕실이는 이제야 특정 음식군에서 그 원인을 찾았다. 아주 오래 걸렸다.

14 개들의 눈에는 털이나 먼지가 자주 들어갈 수 있다. 식염수를 이용해

야 하며, 물이나 귀 세정제를 눈에 흘려 넣지 말아야 한다. 눈은 자주 살펴보아야 한다. 특히 눈동자 아랫부분에 하얀 줄(안충)이 계속 보인다면 바로 동물병원에 가야 한다.

15 겨울에는 살이 좀 찔 수 있다. 엄동설한에 데리고 나가는 것보다는 겨울에 살이 조금 찌더라도 봄부터 부지런히 산책을 다니면 된다.

16 겨울철에는 가습기를 틀어주는 것이 좋다. 다만, 여름에 개에게 선풍기를 틀어주는 것은 아무 의미가 없다. 차라리 차가운 바닥에 피부를 댈 수 있게 해주는 것이 낫다.

17 개들도 기억을 오래 간직한다.

18 사람 염색약을 개에게 쓰면 심하게 화상을 입어 죽음에 이를 수도 있다.

19 슬개골 탈구(수술비용 100~300만 원)를 방지하려면 강아지용 계단(1~3만 원)을 마련하는 것이 좋다. 적당한 탄력이 있는 것으로 선택한다. 거실에 한 개, 침실에 한 개, 올라갔다가 떨어질 수 있는 곳이라면 어디든 두기를 권한다.

20 개들은 거울 속의 자신을 인식하지 못한다. 개는 70퍼센트의 삶을 후각으로 살아가는데, 거울 속의 대상은 냄새가 나지 않으니 도대체 정체가 무엇인지 알 수 없다. 알 수 없으니 무시한다.

- 강형욱 지음, 《당신은 개를 키우면 안 된다: 혼내지 않고, 혼나지 않아도 되는 반려견 교육서》, 동아일보사, 2014.
- 미 수의행동심리학회(ACVB) 지음, 장정인 옮김, 《강아지와 대화하기: 애견 언어 교과서》, 처음북스, 2014.
- 신동욱 외, 《애견학 개론》, 한진, 2005.
- 앤 N. 마틴 지음, 이지묘 옮김, 《개 고양이 사료의 진실》, 책공장더불어, 2011.
- 패트리샤 맥코넬 지음, 신남식·김소희 옮김, 《당신의 몸짓은 개에게 무엇을 말하는가: 동물행동학자가 들려주는 개와 인간의 심리와 행동 이야기》, 페티앙북스, 2011.
- D. Caroline Coil, PhD & Margaret H. Bonham, Why do dogs like balls? Can dogs see color, or do they just see in black and white?
- George J. Mckeon 지음, 오문균 외 옮김, 《애견행동학》, 한진, 2004.
- http://www.dailymail.co.uk/news/article-2195039
- http://news.kmib.co.kr/article/view.asp?arcid=0011859026&code=61121111&cp=nv
- http://www.nongaek.com/news/articleView.html?idxno=26310

과서에 대한 죄책감

+

오늘은 더 나아지겠다는 마음

+

하지만 게으름은 아름답다

=

사랑하는 강아지를 키우지만 게으른 나

그런 나조차 훌륭한 견주가 될 수 있다

초간단 핵저렴 강아지 훈련법

유기견 이뽕실은
어떻게 모범 강아지가 되었나요?

제1판 1쇄 인쇄 | 2018년 6월 11일
제1판 1쇄 발행 | 2018년 6월 18일

지은이 | 이수진
펴낸이 | 한경준
펴낸곳 | 한국경제신문 한경BP
편집주간 | 전준석
책임편집 | 노민정
교정교열 | 공순례
저작권 | 백상아
홍보 | 정준희 · 조아라
마케팅 | 배한일 · 김규형
디자인 | 김홍신
본문 디자인 | 디자인 현

주소 | 서울특별시 중구 청파로 463
기획출판팀 | 02-3604-553~6
영업마케팅팀 | 02-3604-595, 583 FAX | 02-3604-599
H | http://bp.hankyung.com   E | bp@hankyung.com
T | @hankbp   F | www.facebook.com / hankyungbp
등록 | 제 2-315(1967. 5. 15)

ISBN   978-89-475-4362-0   13490